TECHNIK, WIRTSCHAFT und POLITIK   24

Schriftenreihe des Fraunhofer-Instituts
für Systemtechnik und Innovationsforschung (ISI)

Thomas Reiß · Knut Koschatzky

Biotechnologie

Unternehmen
Innovationen
Förderinstrumente

Mit 65 Abbildungen
und 9 Tabellen

Physica-Verlag

Ein Unternehmen des Springer-Verlags

Dr. Thomas Reiß
Dr. Knut Koschatzky

Fraunhofer-Institut für Systemtechnik
und Innovationsforschung (ISI)
Breslauer Str. 48
D-76139 Karlsruhe

ISBN-13: 978-3-7908-0985-5   e-ISBN-13: 978-3-642-46997-8
DOI: 10.1007/978-3-642-46997-8

Die Deutsche Bibliothek – CIP-Einheitsaufnahme
Reiß, Thomas:
Biotechnologie : Unternehmen, Innovationen,
Förderinstrumente; mit 9 Tabellen / Thomas Reiss; Knut
Koschatzky. – Heidelberg : Physica-Verl., 1997
  (Technik, Wirtschaft und Politik ; 24)
   ISBN-13: 978-3-7908-0985-5
NE: Koschatzky, Knut:; GT

Umschlaggestaltung: Erich Kirchner, Heidelberg

SPIN 10558940   88/2202-5 4 3 2 1 0 – Gedruckt auf säurefreiem Papier

Vorwort

Die Biotechnologie zählt zu den Schlüsseltechnologien für das 21. Jahrhundert. Gleichzeitig nimmt sie in der aktuellen Diskussion um den Forschungs-, Technologie- und Wirtschaftsstandort Deutschland einen prominenten Platz ein. Die bisherige Entwicklung der Biotechnologie wurde vor allem durch Forschungsarbeiten und industrielle Aktivitäten in den USA vorangetrieben. In den letzten Jahren ist jedoch in europäischen Ländern - so auch in der Bundesrepublik - ein Aufwärtstrend der industriellen Nutzung der Biotechnologie zu erkennen. Ein wichtiger Faktor für die Entwicklung der Biotechnologie in der Bundesrepublik sind Aktivitäten und Initiativen auf der Länderebene. In diesem Zusammenhang möchte dieses Buch aufzeigen, wie sich die Biotechnologie auf regionaler Ebene entwickelt, mit welchen Problemfeldern sich Unternehmen und Forschungseinrichtungen konfrontiert sehen, wie die relevanten Akteure aus der Forschung, der Wirtschaft, der Politik und dem Umfeld der Biotechnologie zusammenwirken und welche Perspektiven sich für die Biotechnologie auch auf regionaler Ebene eröffnen. Ausgehend von einer empirischen Analyse für das Land Baden-Württemberg werden technologiepolitische Optionen abgeleitet und förderpolitische Instrumente und Maßnahmen diskutiert.

Das Buch beruht im wesentlichen auf zwei Projekten, die am ISI in der Jahren 1993 und 1994 bearbeitet wurden. Hierbei handelt es sich erstens um eine Analyse der baden-württembergischen FuE-Stukturen und Potentiale in der Biotechnologie, die im Auftrag der Akademie für Technikfolgenabschätzung in Baden-Württemberg durchgeführt wurde, zweitens um die Untersuchung von Maßnahmen und Instrumenten zur Förderung der bayerischen Biotechnologie, die im Auftrag des Bayerischen Staatsministeriums für Wirtschaft und Verkehr ausgearbeitet wurde. An beiden Projekten haben mehrere Kolleginnen und Kollegen des ISI mitgearbeitet, denen wir zu großem Dank verpflichtet sind.

Insbesondere sind dies Bärbel Hüsing, Gerhard Jäckel, Marianne Kulicke, Elke Strauß und Günter H. Walter. Für die sorgfältige Erstellung des Buchmanuskriptes bedanken wir uns herzlich bei Ilse Gottschalg, Renate Heger, Christine Schädel und Monika Silbereis.

Karlsruhe im August 1996

Dr. Thomas Reiß
Abteilungsleiter Innovationen
in der Biotechnologie

Dr. Knut Koschatzky
Abteilungsleiter Innovationsdienstleistungen
und Regionalentwicklung

Inhaltsverzeichnis

1. Aktuelle Bedeutung und Perspektiven der Biotechnologie

Die Biotechnologie nimmt in der Diskussion um den Forschungs-, Technologie- und Wirtschaftsstandort Deutschland einen prominenten Platz ein. Der Begriff Biotechnologie wird hierbei jedoch sehr unterschiedlich verstanden und oft als Synonym für Gentechnik benutzt. Diese begriffliche Unschärfe wird weder der Biotechnologie noch der Gentechnik gerecht. Biotechnologie umfaßt ein wesentlich größeres Spektrum an Methoden, Teiltechniken und Anwendungsfeldern als die Gentechnik. Gentechnik wiederum ist in ihrer Bedeutung nur richtig einzuschätzen, wenn sie im Zusammenhang mit dem gesamten Spektrum der Biotechnologie diskutiert wird.

Für dieses Buch wird ein **Verständnis der Biotechnologie** zugrunde gelegt, das sich an den international anerkannten Definitionen der OECD (OECD 1989) und des (ehemaligen) Office of Technology Assessment (OTA) der USA orientiert (OTA 1991). Demnach ist "Biotechnologie der Einsatz bzw. die Nutzung lebender Organismen oder ihrer Bestandteile zur Herstellung, Modifikation oder zum Abbau von Substanzen, für Dienstleistungen (z. B. Diagnostik und Analytik) oder zur Veränderung von Organismen". Von "moderner" und "neuer" Biotechnologie spricht man, wenn neueste naturwissenschaftliche und verfahrenstechnische Erkenntnisse einbezogen werden. Besonders wichtig sind hierbei die Gentechnik, die Zellkulturtechnik, Techniken zur Herstellung von Antikörpern sowie die moderne Bioverfahrenstechnik. Gentechnische Methoden befassen sich mit der Charakterisierung, Isolierung, Neukombination und Vermehrung des Erbmaterials. **Gentechnik** ist nach dieser Abgrenzung nicht mit Biotechnologie gleichzusetzen, sondern stellt eine wichtige grundlegende Methode der modernen Biotechnologie dar. In diesem Buch wird unter Biotechnologie die moderne und neue Biotechnologie verstanden.

Worin liegt nun die aktuelle **Bedeutung der Biotechnologie**? Weshalb entzündet sich gerade an der Biotechnologie immer wieder eine oft kontroverse Standortdiskussion? Im wesentlichen sind es drei Aspekte, die die Bedeutung der Biotechnologie ausmachen: Erstens können mit Hilfe der Biotechnologie neue Produkte, neue Prozesse und auch neue Dienstleistungen entwickelt werden. Zweitens stellt die Biotechnologie eine Basistechnologie bereit, ohne die heute schon Forschung und Entwicklung in wichtigen Industriezweigen, hierzu zählt insbesondere der Pharmasektor, kaum mehr vorstellbar sind. Drittens ist die Biotechnologie eine technologische Voraussetzung für die interdisziplinäre Weiterentwicklung anderer sog. kritischer Technikfelder. Im folgenden werden diese Charakteristika der Biotechnologie für ihre wichtigsten Anwendungsfelder näher erläutert.

1.1   Biotechnologie im Gesundheitssektor

Biotechnologie spielt im Gesundheitssektor eine wichtige Doppelrolle: Zum einen wird eine wachsende Anzahl neuer Diagnostika, Therapeutika und Impfstoffe mit Hilfe der Biotechnologie hergestellt. Wohl noch wichtiger als diese biotechnische Produktionen ist der Beitrag der Biotechnologie zur pharmazeutischen und medizinischen Forschung. Biotechnologie ist insbesondere ein wichtiger Schritt zur rationalen Wirkstoffentwicklung. Die konventionelle Wirkstoffentwicklung beruht letztlich auf dem Screening tausender natürlicher und chemisch synthetisierter Substanzen nach biologischer und pharmakologischer Aktivität. Durch diesen aufwendigen, zeitintensiven, weitgehend zufälligen und risikoreichen Prozeß werden weltweit jährlich ca. 10 000 Substanzen geschleust, woraus schließlich nur ein oder zwei Medikamente entwickelt werden können (OTA 1991).

Die **rationale Wirkstoffentwicklung** beginnt mit dem Verständnis der physiologischen Ursachen von Krankheiten. Bei den hierzu erforderlichen zell- und molekularbiologischen Analysen spielen biotechnische Methoden eine zentrale Rolle. Im Anschluß an die physiologische Krankheitsanalyse können gezielt Wirkstoffe gesucht werden, die mit bestimmten zellulären Targets interagieren. Auch hierbei können biotechnische Methoden vielfältig eingesetzt werden. Beispielsweise werden Wirkstoffrezeptoren, Enzyme oder Antikörper biotechnisch synthetisiert und zum gezielten Wirkstoff-Screening genutzt. Ob am Ende dieses Prozesses letztlich ein Wirkstoff steht, der biotechnisch oder chemisch synthetisiert wird, ist zweitrangig. Entscheidend ist, daß der gesamte Entwicklungsprozeß ohne biotechnische

Methoden kaum möglich wäre. Naturgemäß ist diese Bedeutung der Biotechnologie als Forschungswerkzeug schwer zu quantifizieren. Man kann jedoch davon ausgehen, daß es heutzutage wohl kaum ein Forschungsprojekt zur Entwicklung von Pharmawirkstoffen gibt, das nicht in irgendeiner Weise von der Biotechnologie profitiert bzw. von ihr abhängt (Drews 1993). Entsprechend dürften forschende Pharmaunternehmen, die über kein ausreichendes biotechnisches Know-how verfügen, wenn nicht schon heute dann doch in nächster Zukunft, deutliche Wettbewerbsnachteile haben.

Ende 1994 waren weltweit insgesamt 30 mit moderner Biotechnologie produzierte Biopharmazeutika (Protein-Therapeutika, Impfstoffe, therapeutische monoklonale Antikörper) zugelassen und auf dem Markt. Der **Weltmarkt für Biopharmazeutika** lag im Jahr 1994 bei 8,6 Mrd. US$ (Stadler/Schlumberger 1995). Auf die USA entfallen hiervon 41 %, auf Japan 28 % und auf Europa 25 %. Die umsatzstärksten Biopharmazeutika waren 1994 Erythropoetin (EPO), ein Medikament gegen Anämie (1,8 Mrd. US$), die Wachstumsfaktoren G-CSF und GM-CSF, die zur Krebstherapie und bei autologen Knochenmarkstransplantationen eingesetzt werden (zusammen 1,4 Mrd. US$), das menschliche Wachstumshormon zur Behandlung von Zwergwuchs (1,2 Mrd. US$), Humaninsulin gegen Diabetes (1,2 Mrd. US$), Alpha-Interferon zur Behandlung von Krebs und viralen Infektionen (1,1 Mrd. US$), Hepatitis-B-Impfstoff (750 Mio. US$). Der Anteil der Biopharmazeutika am gesamten Pharmamarkt, der 1994 bei 259 Mrd. US$ lag (Chem Manager 6/95), beläuft sich auf ca. 3,3 %.

Ende 1994 befanden sich weltweit ca. 180 Biopharmazeutika in der klinischen Entwicklung (Stadler/Schlumberger 1995). Unter diesen Substanzen gibt es einige redundante Entwicklungen, so daß davon auszugehen ist, daß die Anzahl wirklich neuer Substanzen bei etwas über 100 liegt, von denen mehr als die Hälfte tatsächlich auf den Markt kommen dürfte (Drews 1993). Über die nächsten zehn Jahre werden demnach jährlich fünf bis acht neue Biopharmazeutika am Markt erwartet. Insgesamt führt die pharmazeutische Industrie jährlich 40 bis 50 neue chemische Wirkstoffeinheiten ein. Der Anteil der Biopharmazeutika an den neuen Pharmazeutika dürfte sich demnach bei 10 - 20 % einpendeln. Der Marktanteil der Biopharmazeutika könnte sich entsprechend innerhalb der nächsten 10 Jahre auf ca. 10 % des Gesamtmarktes steigern (Drews 1993).

Auch in Zukunft werden somit traditionelle chemische Verfahren bei der Pharmaproduktion dominieren. **Biotechnologie** wird sowohl ihren Anteil an der Produktion deutlich steigern, vor allem aber als **Forschungswerkzeug** aus dem Gesundheitssektor nicht mehr wegzudenken sein.

1.2 Biotechnologie in der Landwirtschaft

Die Bedeutung der Biotechnologie in der Landwirtschaft erstreckt sich sowohl auf die Tier- als auch auf die Pflanzenproduktion, wobei die Anwendungsmöglichkeiten in der **Pflanzenproduktion** wesentlich weiter fortgeschritten sind. Im Jahr 1983 gelang es zum ersten Mal, fremde Gene auf Pflanzen gezielt zu übertragen. Seither ist es möglich, sog. transgene Pflanzen mit definierten Eigenschaften zu erzeugen. Heute können praktisch alle wichtigen Nutzpflanzen und insbesondere die bedeutendsten Nahrungspflanzen (Weizen, Reis, Mais, Sojabohne) gentechnisch verändert werden. Folgende **Züchtungsziele** stehen hierbei im Mittelpunkt: Herbizidtoleranz, Krankheitsresistenz, Schädlingsresistenz, Toleranz gegenüber Umweltfaktoren wie Trockenheit oder Kälte und Qualitätssteigerung. Das letztgenannte Ziel wurde beispielsweise bei der Entwicklung der vielzitierten und -diskutierten Flavr Savr-Tomate von der amerikanischen Firma Calgen verfolgt. Durch gentechnische Modifikation wird bei dieser Tomate ein bestimmtes Enzym, das normalerweise den Abbau von Zellbestandteilen katalysiert, gehemmt und somit die Lagerfähigkeit auf ca. zwei Wochen verlängert. Dies erlaubt eine Ernte im reifen und damit ernährungsphysiologisch und geschmacklich optimalen Stadium, da noch genügend Zeit für Transport und Lagerung verbleibt.

Die gentechnische Veränderung von Pflanzen und die zugehörigen Freisetzungsexperimente stehen oft im Mittelpunkt der öffentlichen Diskussion um Anwendungen der Biotechnologie im Landwirtschaftsbereich. Kaum beachtet wurde dagegen der Einzug biotechnischer Methoden in die (klassische) Pflanzenzüchtung. Die hierdurch erzielten Fortschritte sind derzeit als noch bedeutender einzuschätzen als die Möglichkeiten der gentechnischen Veränderung von Pflanzen. Wichtige Beispiele sind hochentwickelte **Zell- und Gewebekulturtechniken** als Hilfsmittel für die züchterische Pflanzenvermehrung oder die Selektion gewünschter Pflanzensorten im Rahmen der züchterischen Bearbeitung mit Hilfe der sog. **RFLP-Analyse**. Hierbei handelt es sich um eine sehr effiziente Erkennungsmethode, bei der züchterisch relevante Merkmale anhand von DNA-Mustern bestimmt werden. Dies ermöglicht eine wesentlich schnellere Selektion der gewünschten Varianten. Insgesamt wird durch den Einsatz biotechnischer Methoden eine deutliche Verkürzung der Neuzüchtung von Nutzpflanzen von durchschnittlich 15 - 20 Jahren auf ca. 10 Jahre erwartet.

Entsprechende Methoden werden heute auch schon in der **Nutztierzucht** eingesetzt. Beispielsweise kann mit Hilfe von DNA-Sonden eine frühzeitige Geschlechtsbestimmung vorgenommen und auf dieser Basis eine Entscheidung über das Austragen getroffen werden. In der Tiermedizin wird die Biotechnologie in analoger Weise zur Humanmedizin eingesetzt: Verbesserung der Diagnoseverfahren, Entwicklung von Impfstoffen und Therapeutika.

Verglichen mit dem Gesundheitssektor sind für die landwirtschaftlichen Anwendungen der Biotechnologie nur sehr vage Marktangaben möglich, da die Abgrenzung des Bereichs sehr uneinheitlich gehandhabt wird. In jedem Falle sind die aktuellen Marktvolumina mehr als eine Größenordnung geringer als im Pharmabereich. Beispielsweise wurde der Weltmarkt für das Jahr 1992 auf ca. 180 Mio. US$ geschätzt (Hodgson/Barlow 1993).

Die künftige Bedeutung der Biotechnologie im Landwirtschaftssektor hängt auch davon ab, wie sich die **Akzeptanz** dieser Ansätze **beim Verbraucher** entwickeln wird. Prognosen sind daher naturgemäß sehr unsicher. Auf der technischen Seite dürften sich im wesentlichen die heute schon eingeleiteten Entwicklungstrends fortsetzen (OECD 1992). Insbesondere wird die Bedeutung der Biotechnologie als Hilfsmittel bei der Pflanzenzüchtung zunehmen. Weiterhin dürften erste gentechnisch veränderte Pflanzen auf den Markt kommen. In der Tierproduktion wird vor allem die Bedeutung der Biotechnologie in der Tiermedizin zunehmen.

1.3   Biotechnologie in der Nahrungsmittelproduktion

Die wichtigsten Einsatzgebiete der Biotechnologie in der Nahrungsmittelproduktion sind diejenigen Bereiche, die mit Mikroorganismen (Starterkulturen) oder mit enzymatischen Verfahren arbeiten. Hierzu zählen vor allem die Milchindustrie, die Rohwurstherstellung, die Backwarenindustrie, die Produktion alkoholischer Getränke, die Herstellung von Enzympräparaten sowie die Produktion von Lebensmittelzusatzstoffen, wie z. B. Vitaminen, Aminosäuren oder organischen Säuren. Wesentliche Ziele biotechnischer Anwendungen bei **Starterkulturen** sind die Erhöhung der Prozeßsicherheit, die Verbesserung der Wirtschaftlichkeit, die Vereinfachung der Produktionsprozesse, die Erhöhung des ernährungsphysiologischen Wertes, die Herstellung neuer Produkte sowie die Reduktion des hygienischen Risikos. Voraussetzung für die Realisierung entsprechender biotechnischer Ansätze ist die Beherrschung gentechnischer Methoden bei den jeweiligen Mikroorganismen. Für viele wichtige Mikroorganismen der Lebensmittelverarbeitung (z. B. Lactobacillus) ist diese Methodik inzwischen etabliert. Einige Mikroorganismen und Produkte sind bis zur Industriereife entwickelt worden.

Die Herstellung von Enzymen ist der am weitesten fortgeschrittene Bereich biotechnischer Anwendungen bei der Lebensmittelverarbeitung. Für zahlreiche Verarbeitungsschritte sind inzwischen **gentechnisch modifizierte Enzyme** bekannt, die beispielsweise durch modifizierte Substratspektren oder erhöhte Ausbeuten wirtschaftlichere Prozesse versprechen. Der tatsächliche Einsatz dieser Enzyme ist dagegen noch gering. Bisher sind nur wenige Präparate für die Käseherstellung und Stärkevergärung im Handel.

Insgesamt ist trotz der technischen Vorteile die Nachfrage nach Biotechnik bei der Lebensmittelverarbeitung bisher eher gering. Hierfür ist nicht nur die geringe **Akzeptanz gentechnischer Verfahren** (Gentechnik wird oft mit Biotechnik gleichgesetzt), sondern auch die besonders ungünstige Forschungsstruktur dieser Branche verantwortlich. Die Ernährungsindustrie ist der viertgrößte Wirtschaftszweig der Bundesrepublik, hat aber die drittniedrigsten absoluten FuE-Aufwendungen aller Wirtschaftszweige zu verzeichnen (Koschatzky/Maßfeller 1994). Zudem sind die Gewinnspannen erheblich geringer als beispielsweise im Pharmabereich. Relativ aufwendige biotechnische FuE-Arbeiten lohnen sich daher oft nur, bei erheblichen zu erwartenden Optimierungseffekten. Diese Bedingung ist vielfach nicht erfüllt. Ausnahmen dürften spezielle Bereiche, wie z. B. die Erzeugung diätetischer oder anderer funktioneller Lebensmittel (z. B. Sportlernahrung) sein.

Künftig werden biotechnische Forschungsaktivitäten im Lebensmittelbereich zur Bereitstellung weiterer Enzyme, Zusatzstoffe und Starterkulturen führen. Ob sich diese Aktivitäten auch in marktfähigen Produkten in diesem öffentlich äußerst sensiblen Bereich niederschlagen werden, ist aus heutiger Sicht eher skeptisch einzuschätzen.

1.4 Anwendungen der Biotechnologie im Umweltbereich

Biotechnologie kann im Umweltbereich prinzipiell für die Analytik und Überwachung, für den Abbau sowie auch für die Vermeidung von Umweltbelastungen benutzt werden. Die tatsächliche Anwendung der Biotechnologie in diesen drei Feldern ist jedoch höchst unterschiedlich. Für die **Umweltanalytik und -überwachung** kommen prinzipiell Biosensoren, Immuntests und auch DNA-Sonden in Frage. Biosensoren können sowohl für die Messung kleinster Mengen an Einzelschadstoffen, wie z. B. Formaldehyd oder Benzol, eingesetzt werden, als auch für komplexe Überwachungsaufgaben, die eine on line Messung mehrerer Parameter erfordern. Hierzu zählt beispielsweise ein vor kurzem entwickelter Biosensor für die Messung des biologischen Sauerstoffbedarfs in Kläranlagen. Auch einige wenige Immuntests für die Messung bestimmter Umweltschadstoffe, z. B. polychlorierte Biphenyle, sind schon kommerziell erhältlich. Mit Hilfe von DNA-Sonden schließlich können Mikroorganismen oder Viren in den verschiedenen Umweltkompartimenten analysiert werden. Ein wichtiges Beispiel hierfür ist die Entwicklung von Tests für Legionellen, den Erregern der Legionärskrankheit im Trinkwasser.

Der zur Zeit wichtigste Anwendungsbereich der Biotechnologie beim **Abbau von Umweltbelastungen** ist die biologische Abwasserreinigung. Schon seit Jahrzehnten werden klassische biotechnische Verfahren angesetzt. Die moderne Biotechnologie soll bei der Abwasserreinigung vor allem zu einer Verbesserung der Prozeßstabilität, zur Weiterentwicklung der biologischen Phosphoreliminierung, zur Optimierung anaerober Verfahren sowie zur Entwicklung kompakter Abwasser-reinigungssysteme eingesetzt werden.

Biotechnische Verfahren zum Schadstoffabbau im Boden haben in den letzten Jahren stark an Beachtung gewonnen. Grundlage für diese Ansätze ist die Fähigkeit bestimmter Mikroorganismen, Schadstoffe als Nahrungs- oder Energiequelle zu nutzen. Nicht zuletzt aufgrund der Konkurrenz durch etabliertere und anerkannte thermische oder chemisch-physikalische Verfahren muß die Ausgangssituation für die biotechnischen Ansätze als eher schwierig eingeschätzt werden.

Ein genereller Trend für die mittel- bis langfristige Entwicklung in der Umwelttechnik ist die Abkehr von der End-of-Pipe-Technologie hin zur **Vermeidung von Umweltbelastungen** durch entsprechende Prozeßoptimierungen. Falls es gelingt, das auch hierfür vorhandene Potential biotechnischer Ansätze in Produktionsprozesse zu integrieren, würden sich hier mittel- bis langfristig durchaus vielversprechende Perspektiven für die Biotechnologie eröffnen. Hierzu sind allerdings nicht nur noch erhebliche Forschungs- und Entwicklungsanstrengungen, sondern auch einiges an Überzeugungsarbeit zu leisten.

1.5   Biotechnologie als Querschnittstechnologie - Vernetzungspotentiale

Die Effekte der Biotechnologie sind nicht nur auf diejenigen Branchen beschränkt, in denen Ihre Anwendung bereits realisiert ist. Der Schlüsselcharakter der Biotechnologie ergibt sich vielmehr hauptsächlich aus ihrer künftig erwarteten Bedeutung als Voraussetzung für die **interdisziplinäre Weiterentwicklung anderer Technikfelder**. Diese Vernetzung zwischen Technikbereichen ist ein wesentlicher Faktor für die technologische Entwicklung im nächsten Jahrhundert (Grupp 1993). Konkret bedeutet dies, daß die Weiterentwicklung vieler wichtiger Technikbereiche stark durch biotechnische Ansätze beeinflußt werden wird. Beispielsweise erwartet man in den Informationswissenschaften eine zunehmende Bedeutung der Bioinformatik. Durch Lösung von Aufgaben mit extremen Anforderungen in den Biowissenschaften und die Nutzung biologienaher Lösungskonzepte (z. B. Neuroinformatik, evolutionäre Algorithmen) werden Impulse für die Entwicklung der Informatik insgesamt angestoßen. Ein anderes Beispiel ist die Werkstoffentwicklung, wo die in der Natur bewährten molekularen Struktur- und Funktionsprinzipien vielfältig Anregungen für die Werkstoffentwicklung insgesamt bieten. Weitere Beispiele reichen über die Molekularelektronik bis zu neuen Produktionssystemen.

1.6   Internationale Situation der Biotechnologie

Während der vergangenen 20 Jahre wurde die Biotechnologie vor allem durch Forschungsarbeiten und industrielle Aktivitäten in den USA vorangetrieben. Dies wird sehr deutlich, wenn man beispielsweise **Patentanmeldungen** am Europäischen Patentamt in der Biotechnologie analysiert (Schmoch et al. 1992). Zu Beginn der 80er Jahre stammte rund ein Drittel aller Patentanmeldungen in der Biotechnologie aus den **USA**. Anfang der 90er Jahre hat sich dieser Anteil auf rund 50 % erhöht. In wichtigen Teilbereichen der Biotechnologie, wie z. B. bei der Entwicklung gentechnischer Methoden, ist diese führende Rolle der USA noch ausgeprägter. Ein weiterer Indikator für das fortgeschrittene Stadium der industriellen Nutzung der Biotechnologie in den USA ist die Anzahl kleiner und mittlerer Biotechnologieunternehmen. Nach neuesten Schätzungen (BIO 1996) existieren in den USA ca. 1300 kleine und mittlere Unternehmen, die die moderne Biotechnologie als Hauptgeschäftsfeld betreiben.

Japan spielt in der Biotechnologie bisher keine vergleichbare Rolle wie in anderen Schlüsseltechnikbereichen. So ist beispielsweise der Anteil japanischer Patentanmeldungen in der Biotechnologie am Europäischen Patentamt während der 80er Jahre konstant bei ca. 15 % geblieben. Ebenso ist in Japan bisher keine mit westlichen Ländern vergleichbare Entwicklung einer klein- und mittelständischen industriellen Biotechnologieszene zu erkennen (Bullock/Dibner 1994). Vielmehr wurde die Biotechnologie in der Vergangenheit vor allem durch große Unternehmen und Handelsketten aufgegriffen, die sich jedoch zu Beginn der 90er Jahre teilweise wieder aus der Biotechnologie zurückzogen, da die hohen Erwartungen kurzfristig nicht realisierbar waren. Weiterhin hat sich in den letzten Jahren die fehlende grundlegende Forschungsbasis in der Biotechnologie als deutlicher Wettbewerbsnachteil Japans herausgestellt. Die in anderen Feldern bewährte Strategie des späten Einstiegs und der Übernahme von Know-how durch Aufkauf und Kooperationen war in der Biotechnologie nicht erfolgreich.

Nach den USA ist die **Europäische Union** zusammengenommen der wichtigste Wettbewerber in der Biotechnologie. Im Jahr 1990 lag der entsprechende Patentanteil am Europäischen Patentamt bei ca. 33 %. In den letzten Jahren ist in mehreren europäischen Ländern ein Aufwärtstrend in der industriellen Nutzung der Biotechnologie zu erkennen. Diese Entwicklung ist zumindest teilweise auf eine Verbesserung wichtiger Rahmenbedingungen zurückzuführen. Hierzu zählt beispielsweise die Bereitstellung von Forschungsmitteln auf europäischer Ebene. So hat die Europäische Union für ihr viertes Rahmenprogramm die Mittel für biotechnologische Forschung und Entwicklung um den Faktor 3 erhöht und stellt somit im Zeitraum 1994 bis 1998 ca. 1,6 Mrd. Ecu zur Verfügung. Diese europäischen Initiativen werden durch entsprechende Aktivitäten in mehreren europäischen Ländern vervollständigt.

Auch die Rahmenbedingungen für die **private Finanzierung** der Biotechnologie haben sich auf europäischer Ebene verbessert. Prominentestes Beispiel hierfür ist die Erleichterung des Zugangs zur Londoner Börse für Biotechnologieunternehmen. Diese Öffnung der Börse mobilisiert wiederum Risikokapital, da für die entsprechenden Geldgeber nun ein Ausstieg über den Börsengang möglich wird. Ein weiterer Aspekt der Biotechnologie in Europa, der oft übersehen oder eher als negativ dargestellt wird, ist die Existenz eines gemeinsamen gesetzlichen Rahmens für Biotechnologie, der nicht zuletzt eine gewisse Planungssicherheit für industrielle Aktivitäten in verschiedenen europäischen Ländern bereitstellt. Weiterhin gibt es in mehreren europäischen Ländern Bemühungen, Genehmigungsprozeduren von unnötigem Ballast zu befreien, indem internationale Erfahrungen und neue Ergebnisse der Sicherheitsforschung berücksichtigt werden. Schließlich ist der gemeinsame europäische Markt ein nicht zu vernachlässigender Positivfaktor für industrielle Aktivitäten in der Biotechnologie in Europa.

1.7 Biotechnologie in der Bundesrepublik: regionale Potentiale und technologiepolitische Optionen

Auch in der Bundesrepublik hat sich in jüngster Zeit die Situation der Biotechnologie positiv entwickelt. Bereits heutzutage existiert eine breite industrielle Basis biotechnologischer Aktivitäten (Reiß/Hüsing 1992). Rund 400 Unternehmen mit eigenen Forschungs- und Entwicklungskapazitäten betreiben derzeit Biotechnologie in Deutschland. Bei diesen Unternehmen handelt es sich nicht nur um Neugründungen, sondern auch um zahlreiche bereits etablierte Unternehmen, die Biotechnologie im Rahmen von Diversifizierungsstrategien aufgenommen haben.

Ein wichtiger Faktor für die Entwicklung der Biotechnologie in der Bundesrepublik sind **Aktivitäten und Initiativen auf der Länderebene**. Baden-Württemberg zählt neben Bayern, Nordrhein-Westfalen und Niedersachsen zu den auffälligsten Akteuren. Am Beispiel Baden-Württembergs ist es das Anliegen dieses Buches, aufzuzeigen,

– welche Strukturen industrieller und institutioneller biotechnologischer Aktivitäten sich auf regionaler Ebene entwickelt haben,

– mit welchen Problemfeldern sich Unternehmen konfrontiert sehen,

– auf welche Weise sich das Zusammenspiel der relevanten Akteure organisiert und

– welche Perspektiven die Biotechnologie auf regionaler Ebene bietet.

Auf dieser empirischen Grundlage werden technologiepolitische Optionen abgeleitet und förderpolitische Instrumente und Maßnahmen diskutiert, die dazu geeignet sind, die Potentiale der Biotechnologie auf regionaler Ebene zur vollen Entfaltung kommen zu lassen.

2. Regionale Strukturen und Potentiale der Biotechnologie - das Beispiel Baden-Württemberg

In diesem Kapitel werden die für die Biotechnologie relevanten industriellen und institutionellen Strukturen in Baden-Württemberg analysiert und die sich hieraus ergebenden künftigen Potentiale abgeschätzt. Folgende Schwerpunkte werden gesetzt:

– Ermittlung von Basisinformationen zur Struktur der in der Biotechnologie tätigen Unternehmen,

– Analyse des FuE-Verhaltens der Unternehmen,

– Ermittlung der wesentlichen Voraussetzungen und Rahmenbedingungen für industrielle Aktivitäten in der Biotechnologie sowie Bewertung des Standorts Baden-Württemberg bezüglich dieser Faktoren, Beschreibung der Biotechnologieaktivitäten der außerindustriellen Forschungseinrichtungen.

2.1 Datengewinnung

Die Biotechnologie ist keine Wirtschaftsbranche, zu der entsprechende Basisstatistiken routinemäßig erhoben werden. Daher können die für die Strukturanalyse erforderlichen Informationen nicht aus Sekundärdaten gewonnen werden. Da weiterhin systematische Umfragen bei Biotechnologieunternehmen und Forschungseinrichtungen Baden-Württembergs zur Biotechnologie nicht vorlagen, war es erforderlich, eine **Basiserhebung** durchzuführen, also den Versuch zu unternehmen, möglichst alle Biotechnologieunternehmen Baden-Württembergs im Rahmen einer schriftlichen Umfrage anzusprechen. Die schriftliche Befragung wurde durch mündliche Tiefeninterviews mit ausgewählten Unternehmen ergänzt, in deren Rahmen insbesondere spezielle Problemfelder vertieft analysiert werden konnten. Für die mündliche Befragung wurden Unternehmen ausgewählt, die einerseits als bedeutend in Baden-Württemberg einzustufen waren, die andererseits aber auch als typisch genug für das gesamte Firmenspektrum im Lande bezeichnet werden konnten.

Ergänzend wurden die öffentlichen und privaten FuE-Institutionen außerhalb der Industrie zur Forschung und Entwicklung und zu ihren Kooperationen befragt, um die Forschungslandschaft Baden-Württembergs insgesamt beschreiben zu können.

Dieser Anspruch gestaltete die Untersuchung sehr komplex, da wegen des Querschnittscharakters der Biotechnologie eine ganze Reihe von Wirtschaftszweigen bzw. Branchen berücksichtigt werden mußte. Insgesamt ergab sich somit eine sehr weitreichende Auffächerung des Untersuchungsfeldes und der Anzahl der potentiellen Unternehmen.

Vor diesem Hintergrund ist die Angabe von Rücklaufquoten wenig aussagefähig, da die zu befragende Klientel weder vollständig noch zumindest hinreichend genau im voraus bekannt war.

Die für die **schriftliche Befragung** der Unternehmen und Forschungsinstitute entwickelten Fragebögen sind im Anhang (siehe Anhang 1) wiedergegeben. Zur genauen Beschreibung der jeweiligen Forschungsschwerpunkte wurde ein spezielles Klassifikationsschema (siehe Anhang 2) benutzt, das eine Charakterisierung der FuE-Aktivitäten nach Anwendungsgebieten, Produktentwicklung, Verfahrensentwicklung und Entwicklungsstadium der Arbeiten ermöglicht. Mit Hilfe dieses Schemas konnten FuE-Schwerpunkte codiert angegeben werden. Weiterhin wurde hierdurch eine EDV-gestützte Auswertung verschiedener Merkmalskombinationen möglich. Der Fragebogen für die Unternehmen enthält die folgenden Themenkomplexe (der Institutsfragebogen stellt im wesentlichen eine verkürzte Version des Unternehmensfragebogens dar):
– Block 1: Basisdaten zur Unternehmensstruktur (Wirtschaftszweig, Gründungsjahr, Personalstärke, Umsatz, Umsatzentwicklung Leistungsangebot).
– Block 2: Forschungs- und Entwicklungsaktivitäten (FuE) (inhaltliche Ausrichtung, Personalkapazität, FuE-Aufwendungen, Stellenwert und Nutzung ausländischen Know-hows).
– Block 3: Stellenwert von FuE-Kooperationen sowie Bedeutung verschiedener Kooperationspartner.
– Block 4: Technologie- und Informationstransfer (Bedeutung von Technologieparks, Nutzung und Bewertung von Informationsquellen, allgemeine Einschätzung des Informationsbedarfs).

– Block 5: Standortfaktoren für unternehmerische Aktivitäten in der Biotechnologie (Kapitalbedarf, Humanbedarf, Markt, Wettbewerb, staatliche Regulierungen, wissenschaftliche Infrastruktur, Akzeptanz, sonstige Ressourcen).
– Block 6: Bewertung von Maßnahmen zur Öffentlichkeitsarbeit.

Erfassung potentieller Biotechnologieunternehmen und FuE-Institute

Da die Gesamtheit der Institutionen, die sich in Baden-Württemberg mit Biotechnologie befaßten, nicht bekannt war, war es notwendig, durch eine Kombination verschiedener Vorgehensweisen eine möglichst umfassende Adressendatei zu generieren.

Ein **Basisadressenpool** bestand zum überwiegenden Teil aus den Anschriften, die für eine Potentialstudie zur Biotechnologie im Jahr 1991 vom FhG-ISI verwendet wurden (Reiß/Hüsing 1992). Dieser Pool beruhte auf folgenden Quellen:
– der Datenbank BIKE der GBF, Braunschweig,
– einer Analyse von Patentanmeldungen,
– Angaben des Projektträgers BEO, Jülich, zu Unternehmen, die im Rahmen der indirekt-spezifischen Fördermaßnahmen oder der TOU-Aktivitäten durch das damalige BMFT gefördert wurden.
Dieser Basispool umfaßte 176 baden-württembergische Adressen, von denen 133 aus der Datenbank BIKE stammten.

Weiterhin wurden Anschriften, die von zwei Verbänden zur Verfügung gestellt wurden, in die Umfrage einbezogen. Diese waren:
– Arbeitgeberverband der Ernährungsindustrie Baden-Württemberg e. V., Stuttgart,
– Verband der Chemischen Industrie e. V., Landesverband Baden-Württemberg, Baden-Baden.
Zwischen den einzelnen Datenbeständen erfolgte ein Abgleich und eine entsprechende Bereinigung. Während vom Verband der Chemischen Industrie 51 Unternehmen befragt wurden, waren es 89 vom Arbeitgeberverband der Ernährungsindustrie.

Für die Universitäten und sonstigen FuE-Institutionen wurden 210 Anschriften zusammengestellt. Als Quellen wurden insbesondere die BIKE-Datenbank, die Datenbank des VADEMECUM, Deutsche Lehr- und Forschungsstätten, und die Datenbank INFOR benutzt.

Insgesamt wurden somit 518 Unternehmen und 210 Forschungsstätten in die 1993 durchgeführte Umfrage einbezogen. Es konnte mit großer Sicherheit davon ausgegangen werden, daß damit weitgehend alle Unternehmen und Institute, die sich potentiell mit Biotechnologieaktivitäten in Baden-Württemberg befaßten, in der Umfrage berücksichtigt wurden. Gleichzeitig war von Anfang an zu erwarten, daß von diesen Institutionen ein großer tatsächlicher Teil nicht mit biotechnologischen Fragestellungen befaßt war.

Eine solche Vorgehensweise ist typisch für Totalerhebungen. Rücklaufquoten sind im üblichen Sinne nicht angebbar. Sie sagen höchstens etwas über den betriebenen Aufwand einer Erhebung aus.

Durchführung eines Pretests

Um die Akzeptanz des Fragebogens zu überprüfen, wurde mit wenigen Unternehmen ein Pretest durchgeführt. Diese Unternehmen wurden telefonisch und teilweise auch persönlich darüber befragt, welche Probleme sie bei der Beantwortung der Fragen hatten. Hierbei interessierte vor allem, ob die Fragen verstanden wurden und mit welchem Zeitaufwand sie beantwortet werden konnten.

Obwohl der Fragebogen durch die Aufnahme einer größeren Anzahl von Fragen zum Biotechnologie*standort* Baden-Württemberg relativ umfangreich geworden war, hatte keines der angesprochenen Unternehmen Schwierigkeiten mit dem Verständnis der Fragen und dem zeitlichen Aufwand für ihre Beantwortung. Auch das Umfragekonzept als solches wurde durch keinen der Teilnehmer in Frage gestellt.

Rücklaufstatistik

Der Versand der Fragebögen erfolgte Anfang September 1993. Die Beantwortung der Bögen wurde bis spätestens Ende Oktober erbeten. Die Abbildung 1 zeigt die Verteilung der Rückläufe.

Interessant an dieser Verteilung ist das Tal mit dem Minimum in der dritten Woche. Dieses kann als Indiz für eine gezielte Wiedervorlage des Vorgangs zu einem späteren Zeitpunkt gelten. In der fünften Woche nach dem Versand wurde ein Erinnerungsschreiben an die Unternehmen versandt. Zusätzlich wurde in der neunten Woche nach Versand eine telefonische Nachhakeaktion durchgeführt, die jedoch lediglich weitere 8 % der Rückläufe einbrachte.

Die Tabelle 2-1 gibt einen zahlenmäßigen Überblick über die Bilanzen der Umfrage. Demnach wurden insgesamt 227 der 728 versandten Fragebogen zurückgesandt, wovon 102 Biotechnologieaktivitäten auswiesen.

Abb. 2-1:   Rücklauf der Fragebögen zur Biotechnologieumfrage in Baden-Württemberg

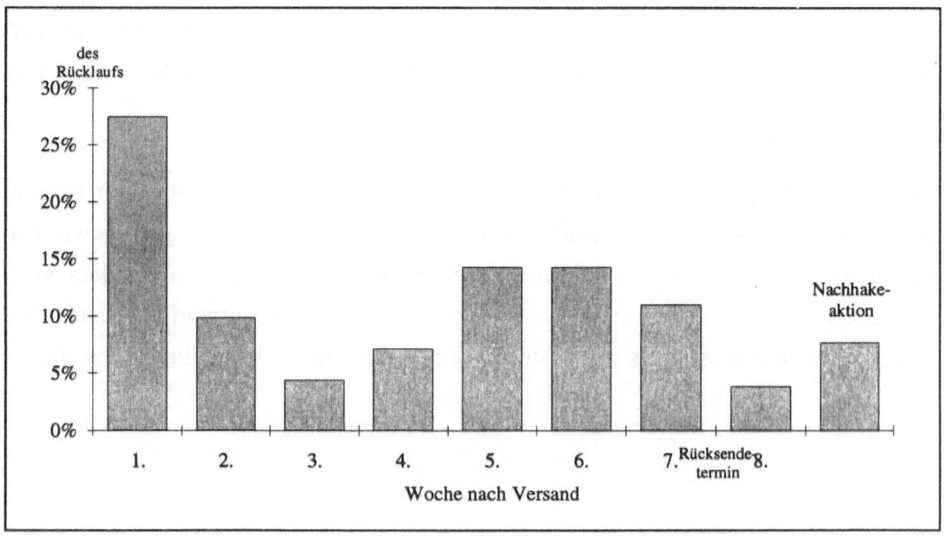

Tab. 2-1:   Statistik zur Biotechnologieumfrage in Baden-Württemberg 1993

Institutionen	Adressenquelle	Anzahl versandter Fragebögen	Anzahl rückgesandter Fragebögen	Anzahl Institutionen mit Biotechnologieaktivitäten
	ISI	176	101	42
Unternehmen	Lebensmittelverband	290	40	4
	Chemieverband	52	14	0
Universitätsinstitute		160	59	46
sonstige FuE-Institute		50	13	10
Summe		728	227	102

Die erfaßten 46 Unternehmen mit biotechnologischen Aktivitäten in Baden-Württemberg scheinen auf den ersten Blick sehr wenig zu sein. Im Vergleich zu verfügbaren Angaben für die gesamte Bundesrepublik ist dieser Wert jedoch durchaus plausibel: Für das Jahr 1991 erhielten wir im Rahmen einer **Potentialanalyse für Auftragsforschung** in der Biotechnologie 180 positive Hinweise auf Biotechnologieaktivitäten in Unternehmen der (alten) BRD (Reiß/Hüsing 1992). Aus Patentanalysen (Reiß et al. 1993) und Förderstatistiken des Projektträgers BEO ergibt sich, daß in Baden-Württemberg ca. 25 % der in der Biotechnologie tätigen Unternehmen der alten Bundesländer angesiedelt sind. Wenn auch ein direkter Vergleich der 1993 ermittelten 46 baden-württembergischen Unternehmen mit den Gesamtdaten aus dem Jahr 1991 nicht unmittelbar zulässig ist, so zeigt das Verhältnis beider Werte (ca. 25 %), daß die Zahl der erfaßten baden-württembergischen Unternehmen in der zu erwartenden Größenordnung liegt.

Insgesamt dürften vor dem Hintergrund der erwähnten Datenquellen (BEO, Reiß/Hüsing 1992) ca. 50 % der in Baden-Württemberg tatsächlich in der Biotechnologie tätigen Unternehmen positiv geantwortet haben, so daß die Gesamtzahl der entsprechenden Unternehmen in Baden-Württemberg in der Größenordnung von 100 liegen sollte.

In den Universitäten des Landes befaßt sich eine große Zahl von Instituten mit biotechnologischen Fragestellungen. Bundesweit ergaben sich im Rahmen der zitierten

Potentialanalyse für Auftragsforschung in der Biotechnologie im Jahre 1991 151 positive Hinweise auf Biotechnologieaktivitäten in den außerindustriellen Forschungs- und Entwicklungsinstitutionen der alten Bundesländer. In der Gegenüberstellung unterstreichen die im Rahmen unserer Umfrage erfaßten 56 außerindustriellen Institutionen den hohen Stellenwert der Forschung und Entwicklung in den Forschungsstätten Baden-Württembergs auf dem Gebiet der modernen Biotechnologie.

Insgesamt konnte somit die Auswertung auf der Basis von 102 Fragebögen durchgeführt werden.

2.2 Industrielle Biotechnologie-Aktivitäten in Baden-Württemberg

2.2.1 Allgemeine Angaben zur Struktur der befragten Unternehmen

Die Aussagen zu den Biotechnologieunternehmen Baden-Württembergs basieren auf den Umfrageergebnissen von 46 Unternehmen mit nahezu 35.000 Mitarbeitern, von denen allerdings nur ein geringer Anteil mit biotechnologischen Aktivitäten beschäftigt ist, nämlich ganze 3,7 % oder 1.291 Mitarbeiter. 27 Biotechnologieunternehmen erzielen insgesamt einen Umsatz in der Biotechnologie von 700 Mio. DM, wobei ein Unternehmen alleine 550 Mio. DM erwirtschaftet. Von den 46 Unternehmen sind nur 12 oder 26 % sogenannte "reine" Biotechnologieunternehmen, d. h. solche, die ausschließlich Biotechnologie betreiben, für die restlichen ist Biotechnologie eine Teilaktivität.

Abb. 2-2:   Tätigkeitsfelder der Biotechnologieunternehmen in Baden-Württemberg

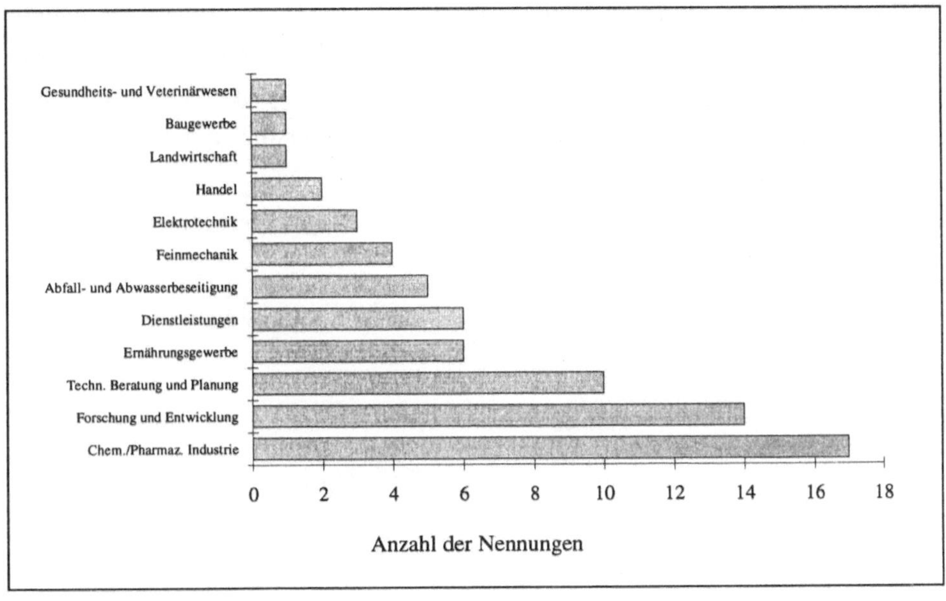

Biotechnologie wird als eine breite **Querschnittstechnologie** angesehen, was besagt, daß sie in einer Vielzahl von Anwendungsbereichen bzw. Wirtschaftszweigen oder Branchen zum Einsatz kommen kann. Die Analyse des **Tätigkeitsspektrums** der befragten Unternehmen bestätigt diese These und zeigt, daß es die Biotechnologieunternehmen nicht gibt, sondern daß das Unternehmensspektrum vielmehr branchenübergreifend angelegt ist. Dennoch wird am Begriff **"Biotechnologieunternehmen"** im weiteren Text festgehalten: hierunter wird die Unternehmensgruppe verstanden, die biotechnologische Aktivitäten in dem in Kapitel 1 definierten Sinne und in der Regel neben anderen Tätigkeiten betreibt.

Nach Abbildung 2-2 liegen Schwerpunkte der Unternehmen im chemischen und pharmazeutischen Bereich. Hier dominieren auch die sog. "reinen" Biotechnologiefirmen. Eine weitere Schwerpunkttätigkeit betrifft den Dienstleistungsbereich, der Beratung, Planung sowie Forschung und Entwicklung umfaßt. Im Mittelfeld liegen Unternehmen der Ernährungsindustrie, aus dem Umweltbereich (Abfall, Abwasser) und der Feinmechanik.

Der besondere Charakter biotechnologischer Unternehmen wird auch durch die **Größenklassenverteilung** (Abb. 2-3) und die Verteilung der Gründungsjahre sowie der Einstiegsjahre in die Biotechnologie unterstrichen. Zum einen wird die mittelständische Struktur der Unternehmen deutlich. Zum anderen zeigt sich zusammen mit den Daten aus den Abbildungen 2-2 und 2-4, daß eine große Zahl gestandener Unternehmen in das Gebiet der Biotechnologie hinein diversifiziert hat.

Abb. 2-3:   Größenklassenverteilung der Biotechnologieunternehmen in Baden-Württemberg

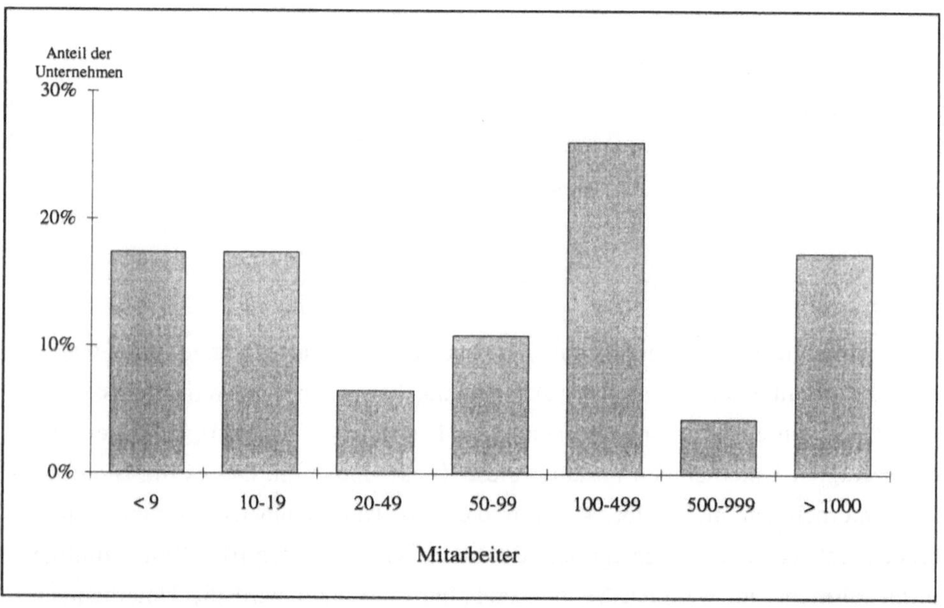

Die Größenklassenstruktur der gesamten mittelständischen Industrie Baden-Württembergs wird nur bedingt in der entsprechenden Struktur der Biotechnologieunternehmen des Landes abgebildet (Baden-Württemberg 1993). Während landesweit ca. 94 % aller Firmen weniger als 50 Mitarbeiter haben, sind es bei den in der Biotechnologie aktiven Unternehmen nur 44 % (Abb. 2-3), dennoch bleibt die Struktur der Biotechnologieunternehmen grundsätzlich mittelständisch. Das Bild ändert sich jedoch erheblich und nähert sich der generellen Unternehmensstruktur im Lande, wenn nach der Größenklassenverteilung der Biotechnologiesparten der Unternehmen gefragt wird. Die Abbildung 2-4 zeigt die eindrucksvolle Dominanz kleiner

Abb. 2-4:   Größenklassenverteilung der Biotechnologiesparten in den Unternehmen Baden-Württembergs

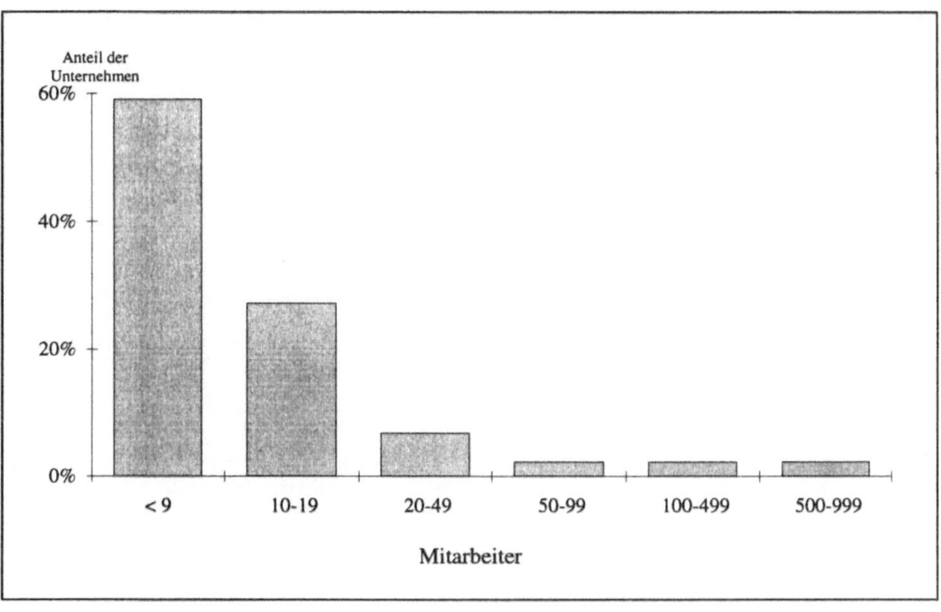

Abb. 2-5:   Gründungsjahr der Biotechnologieunternehmen in Baden-Württemberg

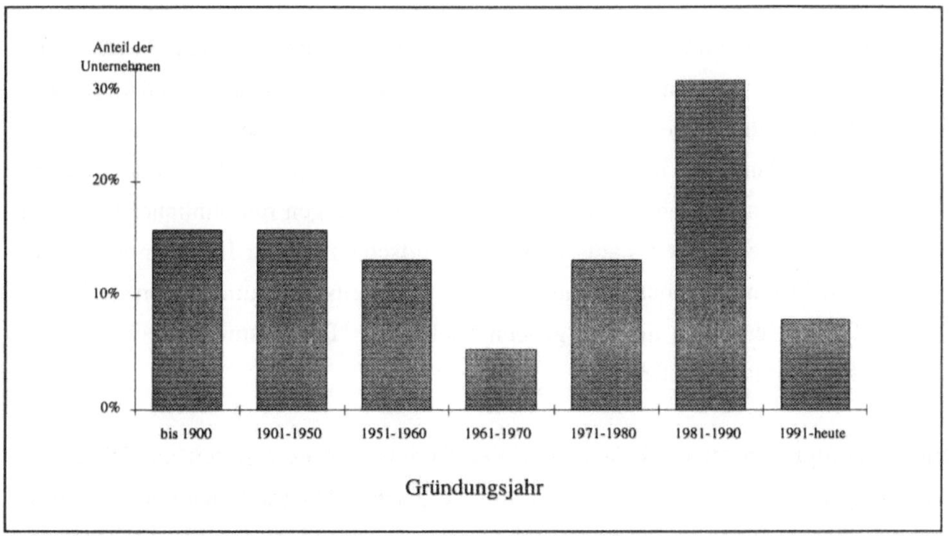

Abb. 2-6:   Angaben der Unternehmen in Baden-Württemberg zum Beginn ihrer Biotechnologieaktivitäten

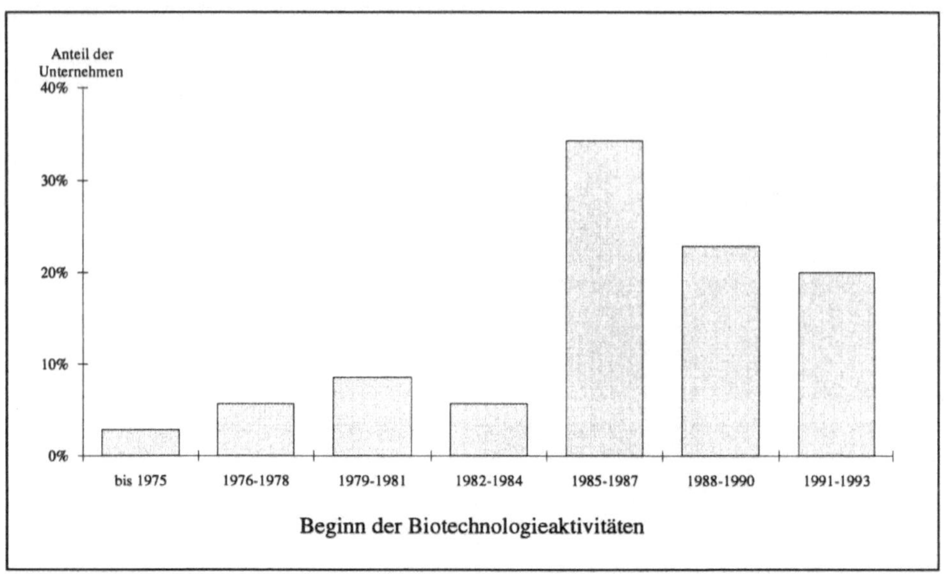

Abteilungen und Gruppen, die in dieser neuen Technologie aktiv sind. Diese Verteilung verdeutlicht noch einmal, daß bisher insgesamt nur wenige Mitarbeiter in der Biotechnologie beschäftigt sind.

Die Verteilung des Gründungsjahrs der Biotechnologieunternehmen Baden-Württembergs (Abb. 2-5) macht deutlich, daß sich neben **Existenzgründern und jungen Unternehmen** nahezu ebensoviele alte, gestandene Unternehmen auf diesem Gebiet betätigen. Der Aufbruch in diese relativ junge Technologie spielt sich somit unter den verschiedenen unternehmerischen Rahmenbedingungen mit ähnlicher Intensität ab. Auch dies ist ein Hinweis auf den Querschnittscharakter der Biotechnologie, der sich offensichtlich nicht nur in einem breiten Tätigkeitsspektrum der Unternehmen (Abb. 2-2), sondern auch in einer großen Vielfalt an "Eintrittsmustern" in biotechnologische Aktivitäten äußert.

Biotechnologie im zugrunde gelegten Verständnis gibt es erst seit ca. 25 Jahren. Nur ein geringer Anteil der baden-württembergischen Unternehmen hat seine Biotechnologieaktivitäten in den ersten zehn Jahren bis ca. Mitte der 80er Jahre aufgenommen (Abb. 2-6). Die bei weitem meisten baden-württembergischen Unternehmen sind erst ab Mitte der 80er Jahre in die Biotechnologie eingestiegen. Ein Schwerpunkt ist hierbei im Zeitraum 1985 bis 1987 zu erkennen. Im Vergleich hierzu nimmt die Anzahl der Neuanfänge zu Beginn der 90er Jahre ab. Ein ähnlicher Zeitverlauf ist europaweit zu beobachten (Ernst & Young 1994) und kann als Hinweis auf eine gewisse Konsolidierung und möglicherweise auch Ernüchterung auf dem Gebiet der Biotechnologie zu Beginn der 90er Jahre interpretiert werden (vgl. auch OTA 1991).

Abb. 2-7:   Leistungsspektrum der Biotechnologieunternehmen in Baden-Württemberg

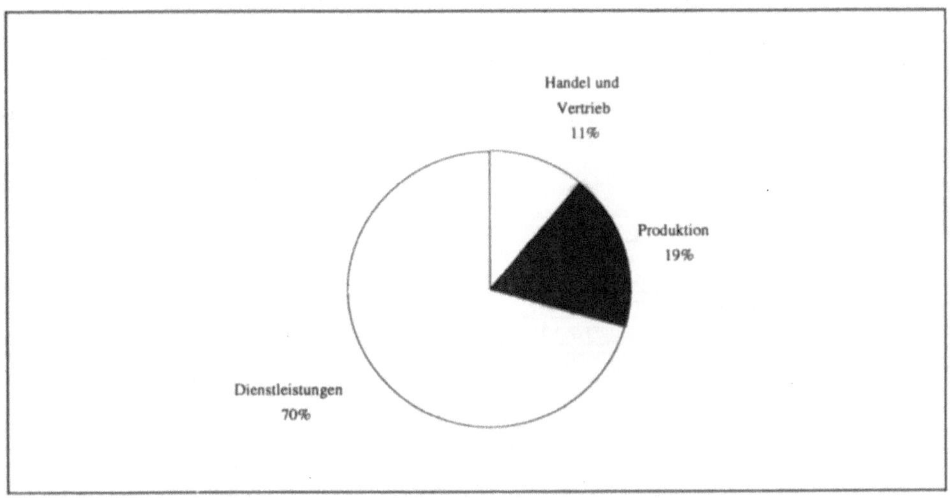

Das **Leistungsspektrum der Biotechnologieunternehmen** ist in Abbildung 2-7 zusammengefaßt. Aussagen über die Umsätze in den Teilsektoren oder über Personalkapazitäten sind hieraus nicht ableitbar. Dennoch ist die Dominanz des Dienstleistungssektors gegenüber der Produktion unverkennbar. Biotechnologie als Dienstleistung oder biotechnologische Dienstleistung ist der Schwerpunkt der Tätigkeit der Biotechnologieunternehmen Baden-Württembergs. Diese Verteilung spiegelt sicherlich auch das relativ frühe Entwicklungsstadium der Biotechnologie wider, in dem sich ein Großteil der Aktivitäten noch nicht mit biotechnologisch beeinflußter Produktion, sondern mit vorgelagerten, dem Dienstleistungssektor zugerechneten Tätigkeiten (vgl. Abb. 2-8) befaßt.

Die Abbildung 2-8 zeigt das **Dienstleistungsspektrum** der Firmen im einzelnen. Vier wichtige Leistungssegmente sind zu erkennen:

– Forschung und Entwicklung (hierzu zählen: Produktentwicklung, Geräteentwicklung, Auftragsforschung und -entwicklung, Verfahrensentwicklung),

– Beratung und Gutachten (hierzu zählen: klinische Prüfung, Schulung, Gutachten, Analytik, Beratung),

– Reinigung und Sanierung sowie

– Züchtung und Vermehrung.

Abb. 2-8: Dienstleistungsspektrum der Biotechnologieunternehmen in Baden-Württemberg

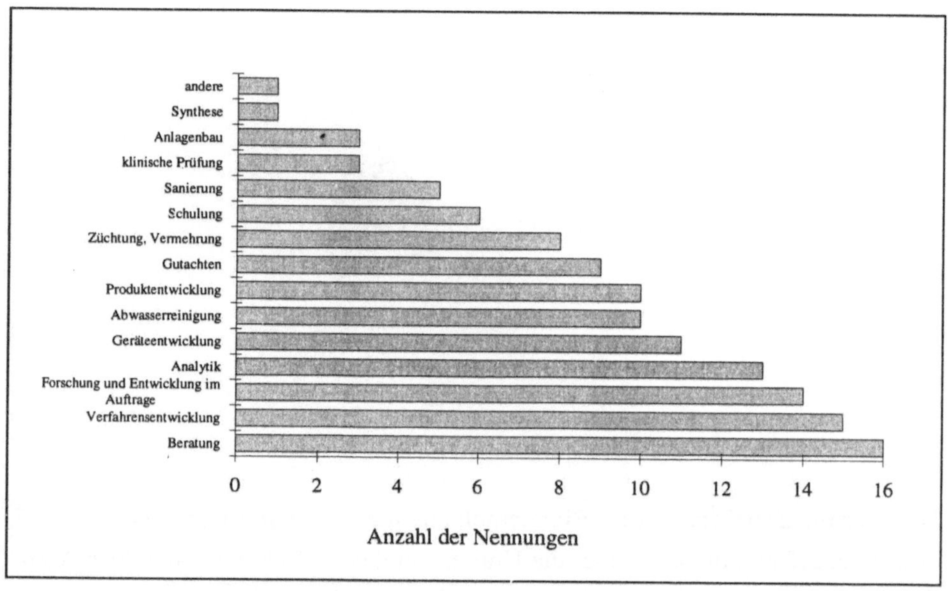

Die **Geschäftsentwicklung** bis 1998 (Fünfjahreszeitraum nach der Befragung) wird von den Biotechnologieunternehmen Baden-Württembergs zumeist positiv eingeschätzt. Bis auf ein Unternehmen erwarten alle befragten Unternehmen steigende Umsatzzahlen, teilweise in ganz beträchtlichem Ausmaß (Abb. 2-9).

Dieser positive Entwicklungstrend wurde auch in den mündlichen Tiefeninterviews mit Unternehmen bestätigt. Allerdings ist es erforderlich, diese Pauschaleinschätzung weiter zu differenzieren, wobei insbesondere die Ausgangssituation der einzelnen Unternehmen, die fachliche Orientierung sowie die Rahmenbedingungen für die künftige Entwicklung zu beachten sind. Weiterhin muß berücksichtigt werden, daß das Ausgangsniveau für die mehrheitlich zweistelligen Umsatzzuwachserwartungen generell relativ niedrig ist. Die absoluten Zuwächse sind daher eher gering.

Abb. 2-9:   Prognosen der Biotechnologieunternehmen in Baden-Württemberg zur Umsatzentwicklung

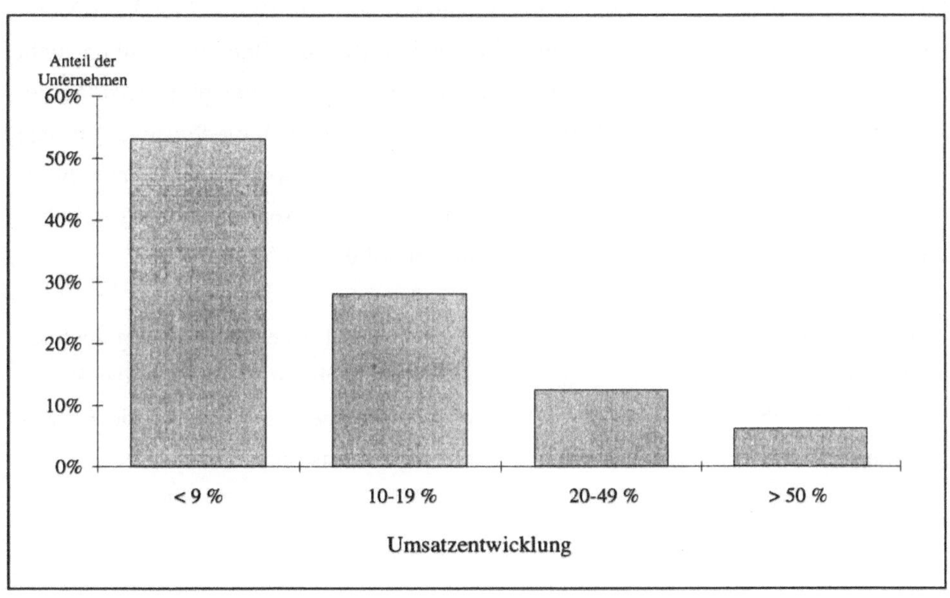

Besonders bei den im Bereich Pharma/Medizin aktiven Unternehmen zeigt sich, daß die Zukunftserwartungen wesentlich von der **Entwicklung wichtiger Rahmenbedingungen** abhängen. Eine entscheidende Rolle spielt hierbei die patentrechtliche Situation. Die günstigen Prognosen gelten in vielen Fällen nur unter der Voraussetzung, daß die laufenden Patentierungsverfahren bzw. Lizenzverhandlungen positiv ausgehen. Ein weiterer wichtiger Aspekt für die pharmazeutisch/medizinisch orientierten KMU ist die Konzentrierung auf Nischenbereiche. Hier haben kleine Unternehmen Vorteile gegenüber den eher größeren, da sich für letztere eine Verfolgung von Nischenprojekten mit eher geringen wirtschaftlichen Potentialen nicht lohnt. Kleine Unternehmen können sich dagegen flexibler auf diese Spezialfälle einstellen und sich dadurch einen Wettbewerbsvorteil erarbeiten.

Wegen der langen FuE-Phase bis zur Markteinführung ihrer Produkte stehen fast alle befragten Unternehmen (nicht nur die pharmazeutisch/medizinisch orientierten)

vor dem Problem, aufwendige Entwicklungsarbeiten finanzieren zu müssen, ohne sich gleichzeitig auf ein ertragssicherndes Standbein stützen zu können. Fördermöglichkeiten spielen unter diesen Bedingungen eine zentrale Rolle. Manchen Unternehmen ist es aber auch gelungen, eben dieses zweite Standbein aufzubauen und hiermit die kostenintensiven FuE-Arbeiten mit zu finanzieren.

Im Umweltbereich stellt sich die Situation anders dar. Hier ist ein Trend zur Komplettlösung zu erkennen. Dies bedeutet beispielsweise, daß Bauunternehmen nicht nur Bauleistung selbst anbieten, sondern auch Vorleistungen beispielsweise Sanierungsverfahren für Baugelände. Hierbei wiederum werden biotechnische Ansätze mit anderen physikalischen und chemischen Verfahren kombiniert. Die Umweltbiotechnik wird somit zunehmend in technische Gesamtkonzeptionen integriert. Für diese Strategien wird der positive Entwicklungstrend durchweg bestätigt.

Trotz der optimistischen Einschätzung der künftigen Firmenentwicklung rechnen die befragten Unternehmen nicht damit, daß hieraus auch ein entsprechender Personalbedarf erwächst. Hauptziel der befragten Unternehmen ist vielmehr die Konsolidierung auf dem erreichten Niveau und nicht die Expansion.

2.2.2 Forschungs- und Entwicklungsaktivitäten zur Biotechnologie in der Industrie

In der schriftlichen Umfrage wurden die Unternehmen gebeten, ihre Forschungs- und Entwicklungsschwerpunkte inhaltlich näher zu beschreiben. Angaben zur Personalstärke und zu den Entwicklungstrends waren zusätzlich erbeten worden. Auf die ebenfalls in diesem Zusammenhang erfragten Details zum Kooperationsverhalten im Rahmen der FuE-Schwerpunkte wird im Abschnitt 2.2.3 eingegangen.

Insgesamt wurden 59 **FuE-Schwerpunkte** von den Biotechnologieunternehmen genannt und klassifiziert. 29 % des in der Biotechnologie beschäftigten Personals sind in FuE tätig. Ca. 22 % des Umsatzes werden für Forschung und Entwicklung ausgegeben (dieser Wert gilt für die mittelständischen Unternehmen (unter 1000 Beschäftigte), für die diese Auswertung möglich war). Diese Indikatoren für die Forschungsintensität liegen sowohl im Vergleich zum bundesweiten Wert (ca. 16 % des Umsatzes) als auch im Vergleich zu anderen High-Tech-Bereichen (bundesweit nur übertroffen von der Luft- und Raumfahrt mit 27 % des Umsatzes) (Reiß/Hüsing 1992) sehr hoch.

Abb. 2-10:   Entwicklungstrend der Forschung und Entwicklung in den Biotechnologieunternehmen Baden-Württembergs

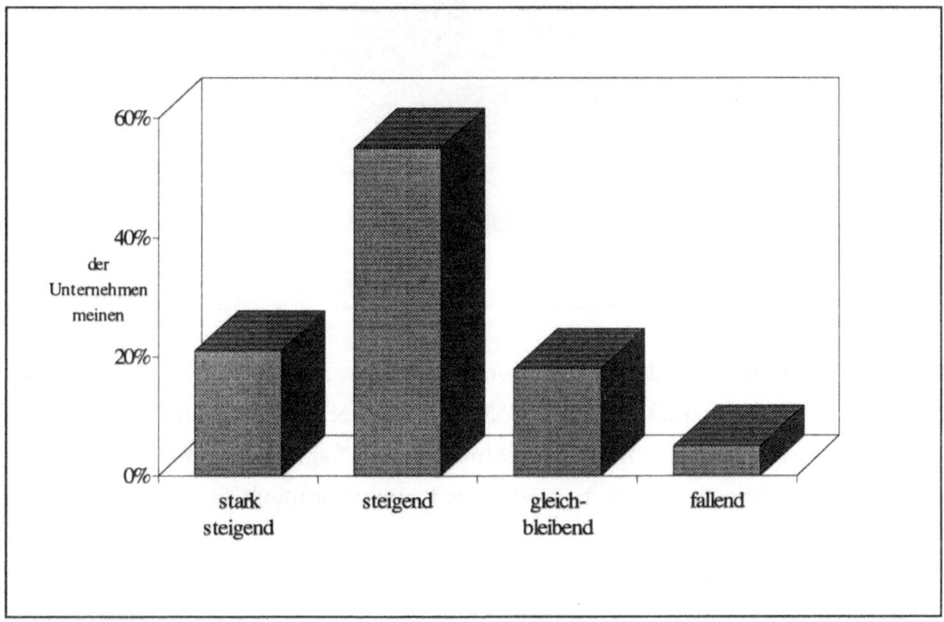

Die positive Grundstimmung in den Biotechnologieunternehmen Baden-Württembergs in bezug auf die künftige Geschäftsentwicklung (siehe Abb. 2-9) schlägt sich auch in den Aussagen zu Trends in der Forschung und Entwicklung nieder. Die FuE-treibenden Unternehmen sehen über 70 % der bearbeiteten FuE-Schwerpunkte in einem steigenden oder sogar stark steigenden Entwicklungstrend (Abb. 2-10).

Die inhaltliche Analyse der FuE-Schwerpunkte zeigt, daß zwei große **Anwendungsfelder** das Feld beherrschen (Abb. 2-11), nämlich die **Medizin** (28 % aller Schwerpunkte) und der **Umweltsektor** (29 %). Gefolgt werden diese von der Chemie (16 %) und dem Ernährungssektor (11 %). Die Landwirtschaft und der energetische Umwandlungssektor spielen nur eine Rolle am Rande (8 % bzw. 5 %).

Abb. 2-11:   Anwendungsbereiche der Forschung und Entwicklung in den Biotechnologieunternehmen Baden-Württembergs

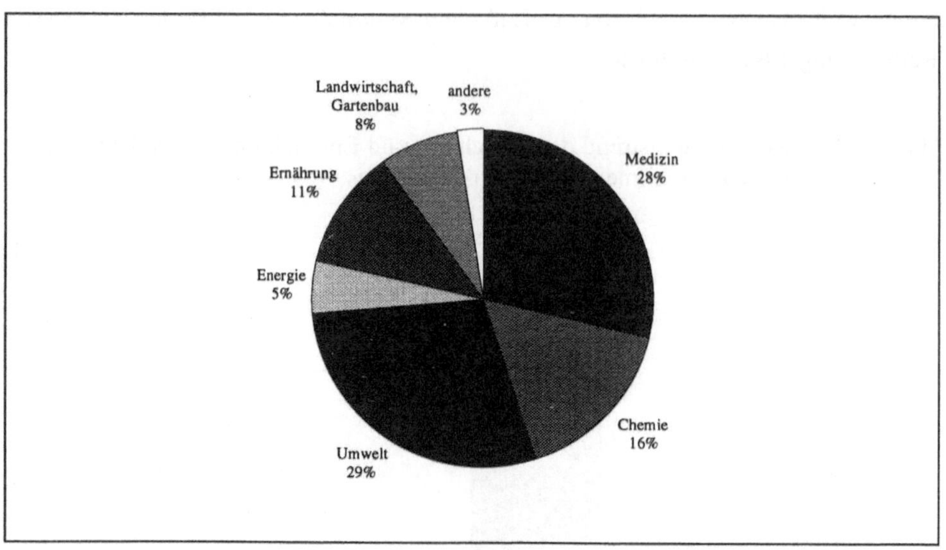

Die herausragende Rolle der Medizin wurde erwartet, denn auf dieses Gebiet konzentriert sich auch international ein Großteil der biotechnologischen FuE (Ernst &
Young 1994, OTA 1991). Die Entwicklung neuer Diagnostika und Therapeutika
ohne biotechnologisches Know-how ist heute kaum mehr möglich.

Der Einsatz biotechnologischer Methoden und Verfahren in der Umwelttechnik
bedeutet ebenfalls eine wichtige Option dieser neuen Technik. Für viele Reini-
gungs- und Sanierungsfälle könnte die Biotechnologie entscheidend Impulse geben.
Die Industrie untersucht diese Möglichkeiten in verstärktem Maße, zumal Deutschland in der Umwelttechnik international eine führende Position einnimmt.

Der **Ernährungs- und Landwirtschaftsbereich** gehören sicher zu den sensiblen
und kritischen Anwendungsfeldern der modernen Biotechnologie. Es verwundert
nicht, wenn sich Unternehmen, die ja einen gewinnbringenden Rückfluß ihrer FuE-
Aufwendungen anstreben müssen, auf Sektoren eher zurückhalten, die von den potentiellen Kunden bzw. Konsumenten mit Argusaugen beobachtet werden. Weiterhin ist zu berücksichtigen, daß im Ernährungsgewerbe die FuE-Aufwendungen und
die personellen Forschungsressourcen unterdurchschnittlich sind, so daß die wissenschaftlich-technischen Ankoppelungspotentiale für neue biotechnische Ansätze

nur gering ausgeprägt sind (Koschatzky/Maßfeller 1994). Der Energiesektor spielt in den erfaßten Unternehmen keine wichtige Rolle für die Anwendung moderner biotechnologischer Verfahren.

Das Anwendungsspektrum der modernen Biotechnologie in den Unternehmen Baden-Württembergs entspricht insgesamt im wesentlichen der bundesweiten Situation (Reiß/Hüsing 1992). Lediglich der Umweltbereich scheint in Baden-Württemberg noch stärker ausgeprägt zu sein.

Die **Ausrichtung der FuE-Schwerpunkte auf Produkte** (Abb. 2-12) spiegelt in gewissem Sinne das Anwendungsspektrum der modernen Biotechnologie wider (vgl. Abb. 2-11). Die Pharmazeutika entsprechen dem medizinischen Bereich (29 %), während im Engineering (Anlagen, Geräte) (27 %) der Umweltsektor im hohen Maße betroffen ist. Fein- und Massenchemikalien (17 %) sind weitestgehend dem chemischen Sektor zuzurechnen und Tiere, Pflanzen, Mikroorganismen (15 %) sind als Produkte eher im Ernährungs- und Landwirtschaftsbereich anzutreffen.

Abb. 2-12:   Ausrichtung der biotechnologischen Forschung und Entwicklung in den Biotechnologieunternehmen Baden-Württembergs auf Produkte

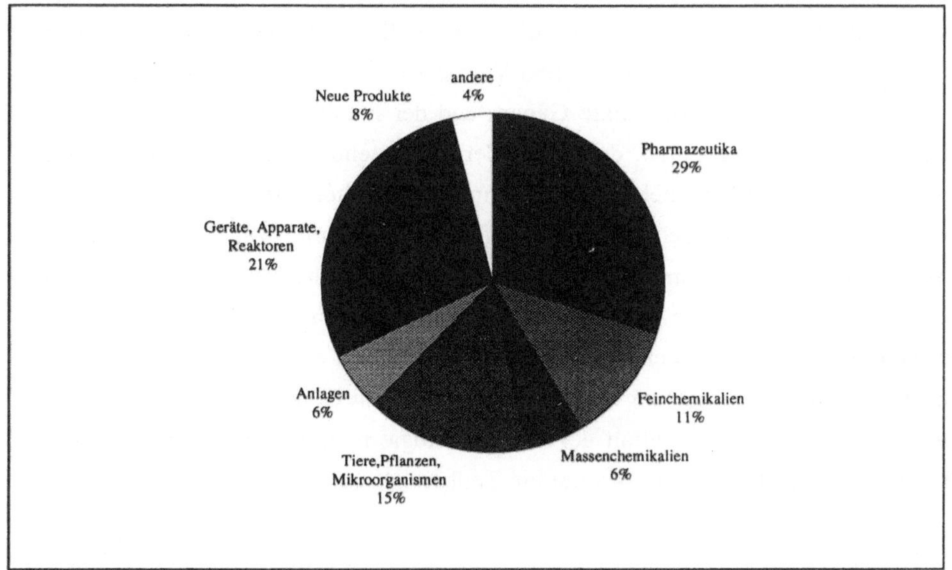

Abb. 2-13: Ausrichtung der biotechnologischen Forschung und Entwicklung in den Biotechnologieunternehmen Baden-Württembergs auf Methoden und Verfahren

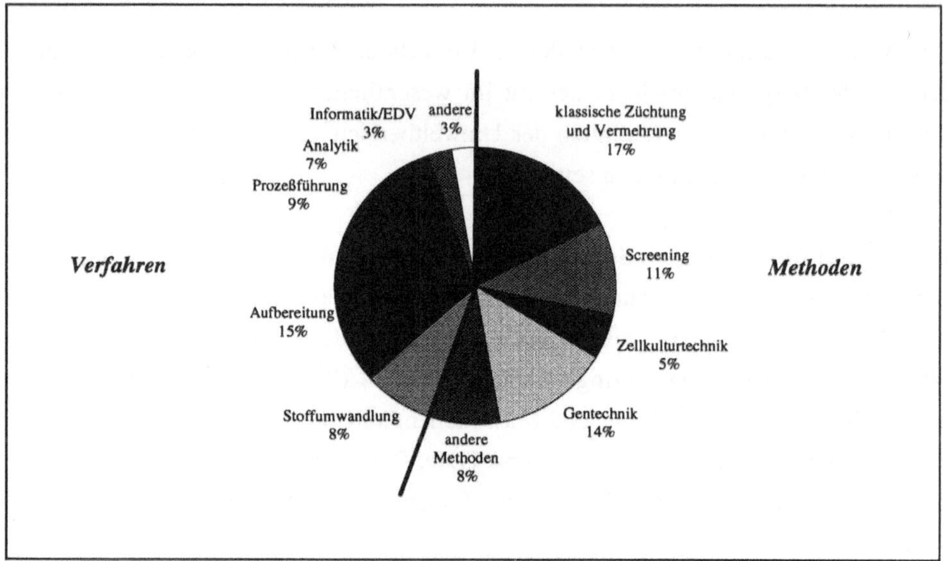

Mit den querschnittsorientierten FuE-Aktivitäten wird eine zusätzliche Dimension der FuE-Ausrichtung erfaßt. **Methoden- und Verfahrensentwicklungen** halten sich nach Abbildung 2-13 in etwa die Waage. Bei den Methodenentwicklungen dominiert die klassische Züchtung und Vermehrung (17 %) vor der Gentechnik, die in 14 % aller FuE-Schwerpunkte Gegenstand der Forschung und Entwicklung ist. Eine Feinauswertung ergab, daß sechs der antwortenden Unternehmen (17 % der 35 FuE-treibenden Unternehmen) gentechnische Arbeiten durchführen. Die Verfahrensentwicklungen konzentrieren sich auf die Aufbereitung von Produkten und die Stoffumwandlung (zusammen 23 %). Die Prozeßführung (9 %) nimmt ebenfalls einen breiteren Raum ein. Die Analytik und Informatik mit zusammen 10 % ergänzen das Methoden- und Verfahrensspektrum. Insgesamt zeigt diese Aufschlüsselung auch, daß eine Gleichsetzung von Biotechnologie mit Gentechnik der gesamte Methoden- und Verfahrensvielfalt der Biotechnologie nicht gerecht wird. Gentechnik ist ein zwar wichtiger, aber eben nur ein Teilbereich der gesamten Biotechnologie.

Abb. 2-14: Stadium der Forschung und Entwicklung in den Biotechnologieunternehmen Baden-Württembergs

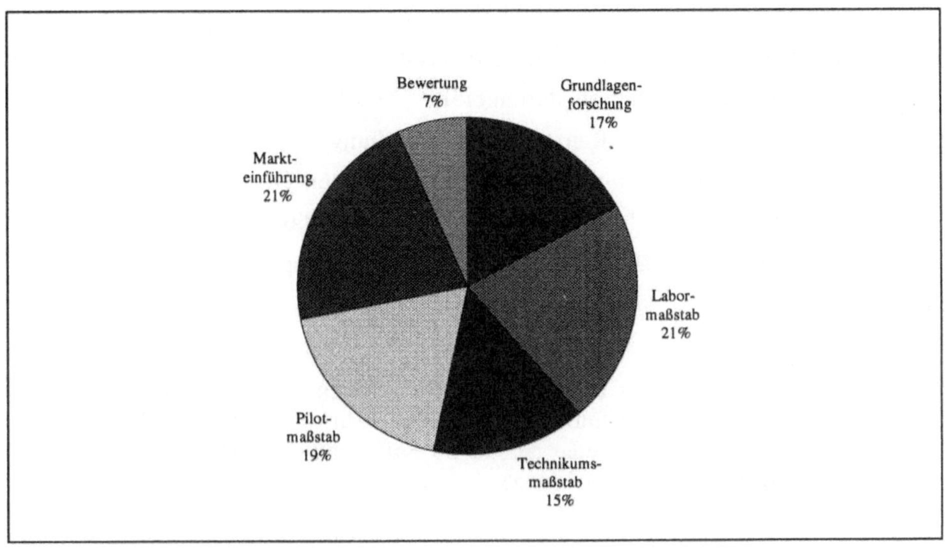

Neben den fachlichen Ausrichtungen der Forschungs- und Entwicklungsaktivitäten ist das **Stadium der Vorhaben** von Interesse (Abb. 2-14). Die Analyse ergibt in etwa eine Gleichverteilung im Hinblick auf die vorgesehenen Kategorien zur Beschreibung des Innovationsprozesses. Zu nahezu gleichen Anteilen befinden sich die Vorhaben in der Grundlagenforschung (17 %), in Versuchen im Labormaßstab (21 %), im Technikumsmaßstab (15 %), im Pilotmaßstab (19 %) und in der Markteinführungsphase (21 %). Der vergleichsweise geringe Stellenwert der Markteinführung spiegelt das ingesamt noch relativ frühe Innovationsstadium der Biotechnologie wider. Entsprechend nimmt auch die Produktion im Leistungsspektrum der Unternehmen eher geringen Raum ein (vgl. Abb. 2-7). Weiterhin zeigt die zeitliche Parallelität der Gesamtheit aller Innovationsstadien, daß eine eindeutige Zuordnung der Biotechnologie zu einer bestimmten Innovationsphase weder möglich noch sinnvoll ist. *Die* Biotechnologie als homogenes Gebiet existiert nicht. Das Spektrum der Anwendungsfelder der Biotechnologie überdeckt insgesamt alle Phasen des Innovationsprozesses.

2.2.3 Know-how-Transfer und Kooperationsverhalten

48 der insgesamt 59 industriellen FuE-Schwerpunkte (81 % der Vorhaben) werden im Rahmen von **Kooperationen** durchgeführt. 31 (89 %) von 35 FuE-treibenden Unternehmen kooperieren im Rahmen ihrer Forschung und Entwicklung. Dies unterstreicht die starke Einbindung der biotechnologischen Forschung und Entwicklung in Kooperations- und Informationsnetzwerken. **Es läuft praktisch kaum ein Projekt in der industriellen Forschung und Entwicklung ohne eine Zusammenarbeit mit Externen.**

Tab. 2-2:   Kooperationen im Rahmen der Forschung und Entwicklung in den Biotechnologieunternehmen Baden-Württembergs (die Prozente beziehen sich entweder auf die 59 FuE-Schwerpunkte oder die 35 FuE-treibenden Unternehmen)

	Nutzung von externem Know-how					
	insgesamt		im Rahmen von Aufträgen an Externe		durch informellen Austausch	
in FuE-Schwerpunkten	44	75 %	24	41 %	31	53 %
in Unternehmen	30	86 %	14	40 %	23	66 %
	Lieferung von Know-how an Externe					
	insgesamt		im Rahmen von Aufträgen durch Externe		durch informellen Austausch	
in FuE-Schwerpunkten	24	41 %	18	31 %	14	24 %
in Unternehmen	15	43 %	10	29 %	11	31 %

Die Tabelle 2-2 differenziert diese pauschalen Angaben, indem zwischen Know-how-Nutzung und -Lieferung unterschieden wird. Interessant ist vor allem, daß 29 % der FuE-treibenden Unternehmen Forschung und Entwicklung im Auftrage Dritter durchführt (siehe auch Abb. 2-8) und 40 % dieser Unternehmen Aufträge an

Dritte vergeben. Zu den letzteren gehören insbesondere die umsatzstärksten der befragten Unternehmen. Weiterhin fällt auf, daß der Know-how-Fluß in der Bilanz stark einseitig ist. Der Anteil der Know-how nutzenden Unternehmen ist doppelt so hoch, wie der Anteil der Know-how liefernden Unternehmen.

Der **Stellenwert der FuE-Kooperationen** wird uneinheitlich eingeschätzt. Zwar ist mehr als die Hälfte der FuE-treibenden Unternehmen der Ansicht, daß FuE-Kooperationen mittlere oder sogar große Bedeutung zukommt (Abb. 2-15). Immerhin ca. ein Drittel der FuE-treibenden Unternehmen schätzt diesen Stellenwert dagegen nur als gering ein.

Abb. 2-15:   Stellenwert von FuE-Kooperationen in den Biotechnologieunternehmen Baden-Württembergs

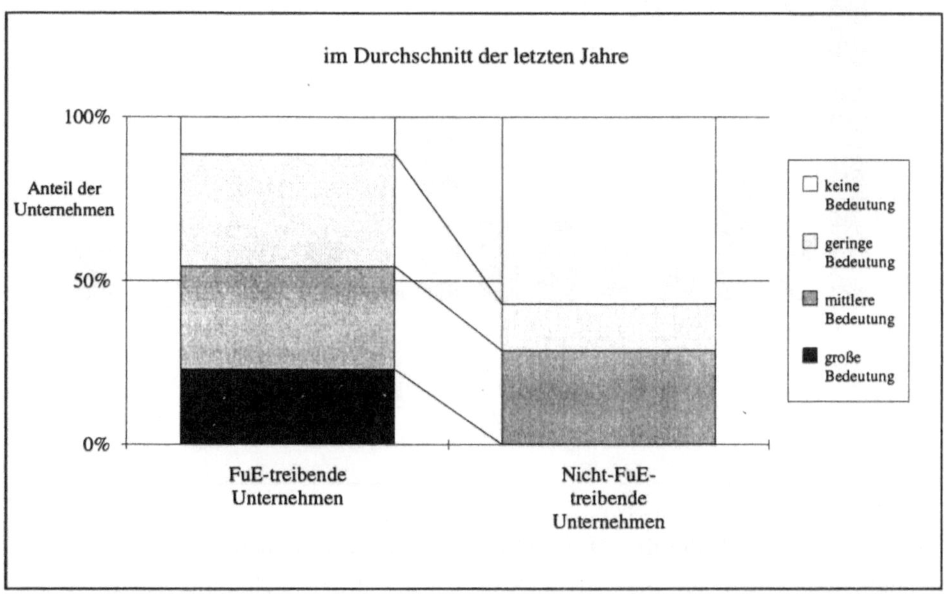

Unternehmen, die zum Zeitpunkt der Umfrage keine eigene FuE durchführten, bewerten den Stellenwert der FuE-Kooperationen im Durchschnitt der letzten Jahre eher gering. Eine Detailauswertung des Leistungsprofils dieser Unternehmen ergab, daß unter diesen eine größere Zahl als Engineeringunternehmen tätig ist.

Die Abbildung 16 zeigt nun, mit welchen **FuE-Kooperationspartnern** die Unternehmen zusammenarbeiten. An erster Stelle sind es die Hochschulen bzw. Universitäten, mit denen der Know-how- oder Technologietransfer betrieben wird, an zweiter Position folgen andere Unternehmen, dicht gefolgt von den Fachhochschulen. Weiter abgeschlagen werden Kliniken, Großforschungseinrichtungen, Bundesforschungsanstalten, Max-Planck- und Fraunhofer-Institute genannt. Dieses Gesamtspektrum unterscheidet sich von dem typischen KMU-Partnerprofil, das andere Unternehmen als wichtigste FuE-Kooperationspartner sieht (Wolff et al. 1994).

Abb. 2-16: Kooperationspartner von FuE-treibenden Biotechnologieunternehmen in Baden-Württemberg mit den Anteilen ihrer Rangfolge

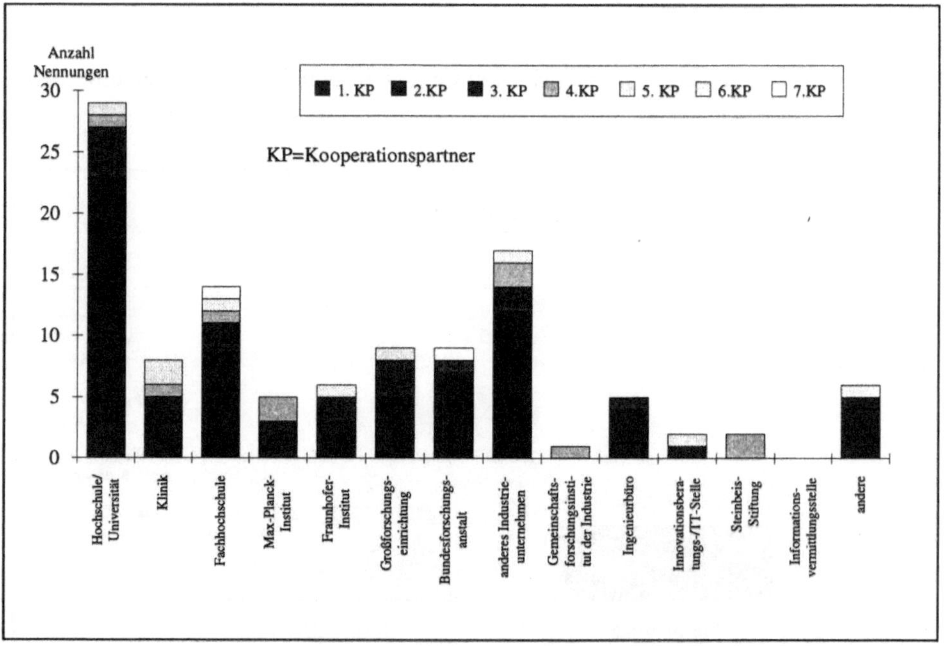

Die herausragende **Rolle der Hochschulen** bei der Zusammenarbeit mit den Biotechnologieunternehmen, die sich auch in den mündlichen Tiefeninterviews bestätigte, hat sicherlich mehrere Gründe. So erfordert die starke Wissenschaftsbindung der Biotechnologie eine enge Koppelung an die Grundlagenforschung im Hochschulbereich (Reiß 1996). Doch auch eher praktische Gründe dürften eine Rolle spielen: persönliche Kontakte zu den Studienstätten, die nicht kostenorientierte Kalkulation der verkauften Forschung und Entwicklung oder einfachere Genehmigungsverfahren bei der Durchführung sicherheitsrelevanter Arbeiten.

Eine Feinauswertung, die nach den Kooperationspartnern der FuE-treibenden und der nicht-FuE-treibenden Unternehmen differenziert (Abb. 2-17), zeigt, daß die Hochschulen, Bundesforschungsanstalten, andere Industrieunternehmen, die Gemeinschaftsforschungsinstitute, die Innovationsberatungsstellen und die Steinbeis-Stiftung eher im Rahmen laufender eigener FuE nachgefragt werden, während die Fraunhofer-Gesellschaft und Ingenieurbüros eher zur Abwicklung kompletter FuE-Aufgaben von nicht-FuE-treibenden Unternehmen herangezogen werden.

Abb. 2-17: Unterschiedliche Inanspruchnahme der Kooperationspartner von FuE-treibenden und nicht-FuE-treibenden Biotechnologieunternehmen in Baden-Württemberg

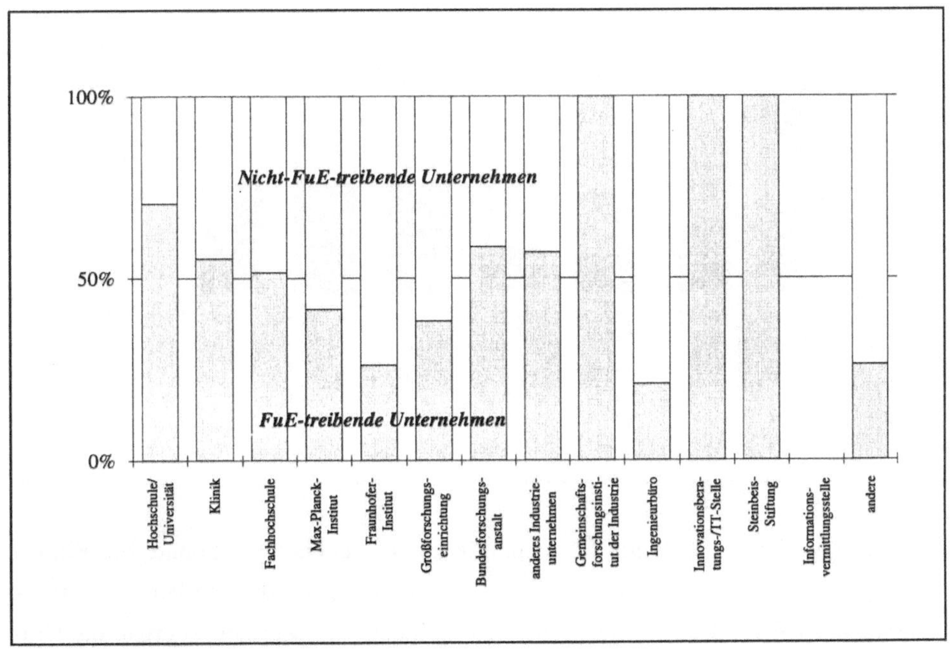

Die Auswertung der Kooperationen mit den Hochschulen bzw. Fachhochschulen nach verschiedenen Formen der Zusammenarbeit (Abb. 2-18) macht deutlich, daß **informelle Kontakte** die häufigsten Know-how-Transferwege darstellen. Diese scheinen auch ohne größere Probleme gangbar zu sein. Ansätze für Verbesserungen in diesem Bereich beispielsweise durch Förderung von sog. "Technical breakfasts" oder "Technologieclubs", wie sie beispielsweise in den USA praktiziert werden, scheinen eher nicht erforderlich zu sein. Während die Beteiligung an Diplom- und

Doktorarbeiten, gemeinsame FuE-Vorhaben, geförderte Verbundprojekte und andere eine etwa gleichrangige Rolle spielen, wird der Inanspruchnahme von Gutachten bzw. Expertisen und dem Wissenschaftler-Austausch eine geringere Rolle zugewiesen.

Abb. 2-18:   Bedeutung von Kooperationsformen für Biotechnologieunternehmen in Baden-Württemberg

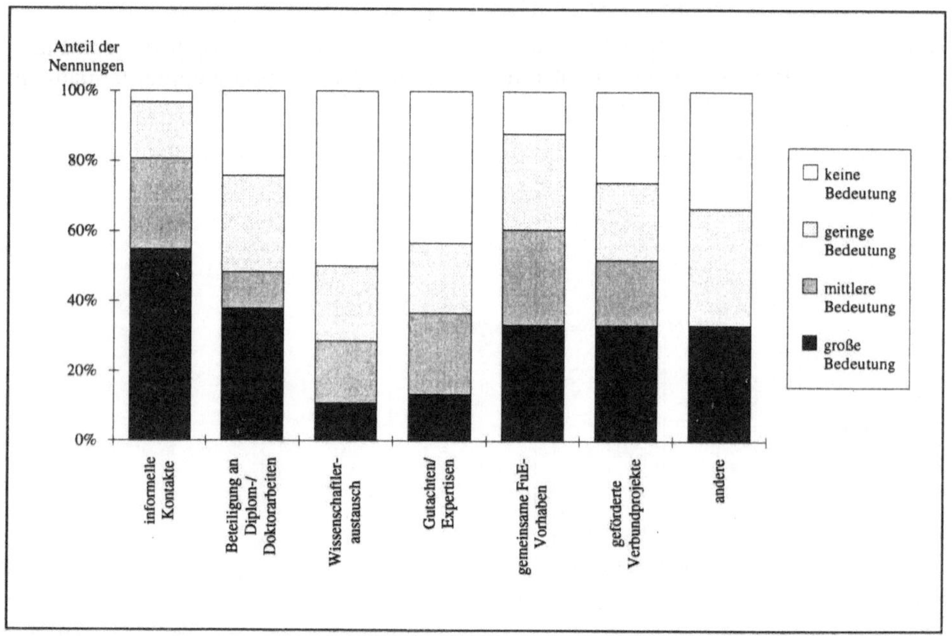

Eine neue Variante staatlicher Förderpolitik zur Biotechnologie könnte die **Finanzierung von Postdoc-Stellen** an Universitäten mit anwendungsorientierten FuE-Themen nach Wahl der innovierenden Unternehmen sein. Zumindest ergab die Umfrage einen beachtlichen Bedarf der befragten Unternehmen (Abb. 2-19), so daß die Weiterverfolgung dieses Ansatzes durchaus vielversprechend erscheint. Allerdings ist nach Einschätzung der mündlich befragten Unternehmen diese Option keinesfalls ein Selbstläufer. Wesentlich sind vielmehr die konkrete Ausgestaltung einer derartigen Kooperationsform sowie ihre Einbettung in ein förderpolitisches Gesamtkonzept. Bezüglich der Ausgestaltung ist vor allem zu klären, wie die möglicherweise unterschiedlichen Interessenslagen der beteiligten Akteure zu vereinen sind und wie letztlich eine Kosten-/Nutzenbetrachtung für alle Beteiligten aussieht (vgl. auch Abschnitt 4.3.1).

Abb. 2-19:   Bedarf an Postdoc-Stellen an Universitäten von Biotechnologieunternehmen in Baden-Württemberg

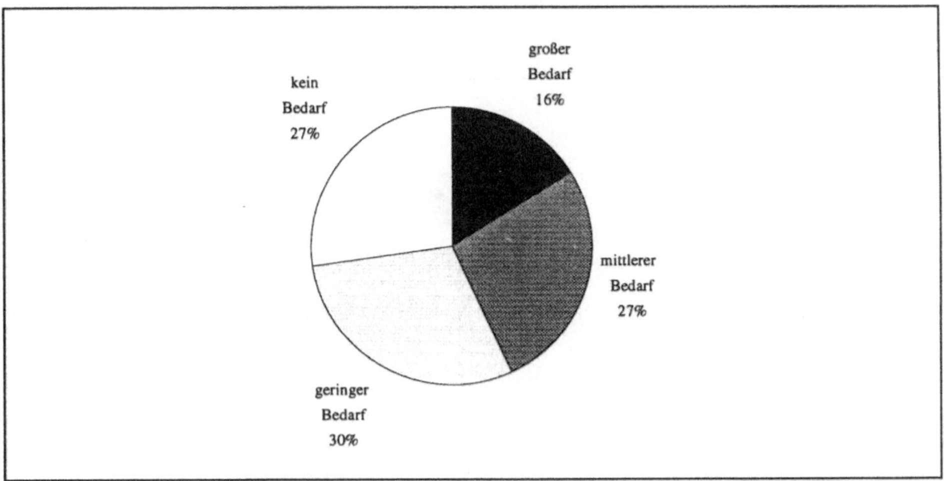

Abb. 2-20:   Stellenwert von Lizenzübernahmen zum Know-how-Erwerb in den Biotechnologieunternehmen Baden-Württembergs

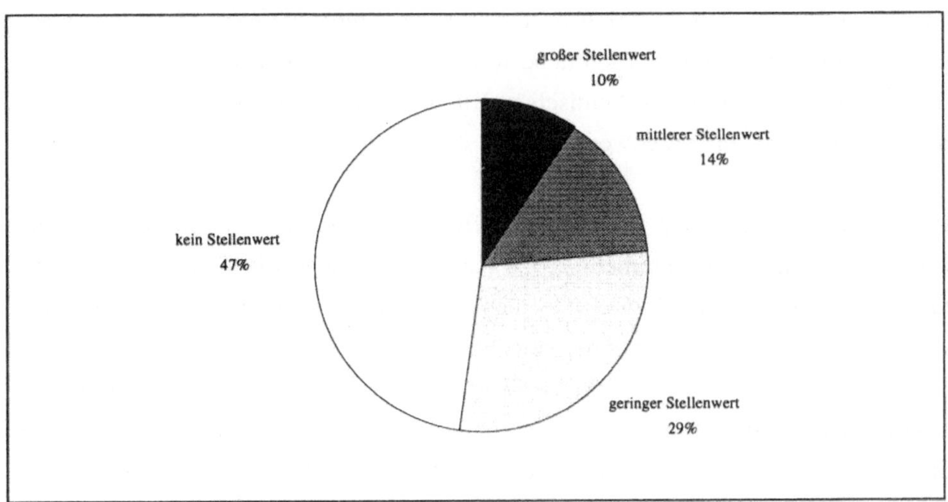

Eine weitere mögliche Facette des Know-how-Transfers im Rahmen von Innovationsprozessen stellt die Übernahme von **Lizenzen** dar. Doch wird diesem Instrument bei den befragten Biotechnologieunternehmen nur ein geringer Stellenwert eingeräumt (Abb. 2-20).

Abb. 2-21:   Stellenwert von ausländischem Know-how in den Biotechnologieunternehmen Baden-Württembergs

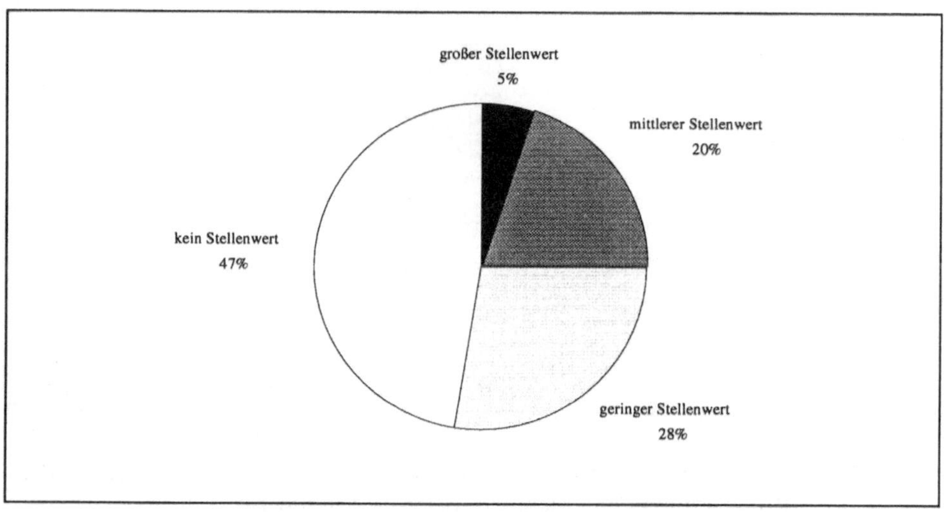

Ausländisches Know-how spielt für die Biotechnologieunternehmen Baden-Württembergs insgesamt keine wesentliche Rolle. Jedenfalls messen nur 25 % der Unternehmen der Nutzung ausländischen Know-hows einschließlich der Lizenzen mittleren oder großen Stellenwert zu (Abb. 2-21).

In diesem Zusammenhang stellt sich generell die Frage nach der **Bedeutung der räumlichen Nähe** der Unternehmen zu Know-how-Trägern in Forschungseinrichtungen. In der Biotechnologie, wie auch in anderen Technikbereichen, wird das grundlegende Wissen international gewonnen und weiterentwickelt. Landesgrenzen sind hierbei unerheblich. Entsprechend orientieren sich auch viele Unternehmen international, wenn es um den Zugang zur Wissensbasis geht. Andererseits werden die wichtigen informellen Kontakte zwischen Unternehmen und Forschungseinrichtungen erleichtert, wenn sich beide am gleichen Standort befinden. Zu diesen informellen Kontakten zählen nicht nur Gespräche, sondern auch die Teilnahme an Vortragsveranstaltungen und Seminaren oder die Nutzungsmöglichkeit von Bibliotheken oder speziellen Gerätschaften. Gerade für die kleinen Unternehmen sind die letztgenannten Aspekte im Firmenalltag von nicht zu unterschätzender Bedeutung. Insgesamt stellt sich somit das Thema "räumliche Nähe zu Know-how-Trägern" auf zwei Komplexitätsebenen dar: Die grundsätzlichen Linien des Know-how-Transfers vollziehen sich gemäß der Internationalität von Wissenschaft und Technik unabhängig von regionalen Aspekten. Für die praktische Umsetzung des Know-how-Transfers in die alltägliche Firmenpraxis ist dagegen durchaus die räumliche Nähe zur Forschungsinfrastruktur ein wichtiger Faktor (siehe auch Abschnitt 2.2.6).

Insgesamt wird sowohl auf der Basis der schriftlichen Erhebung als auch der mündlichen Tiefeninterviews die **Forschungsbasis** in Deutschland und insbesondere in Baden-Württemberg als sehr gut eingeschätzt. Das erforderliche wissenschaftlich-technische Know-how ist im Lande vorhanden, eine Abhängigkeit von ausländischen Know-how ist nicht zu erkennen.

Trotz dieser generell sehr positiven Einschätzung werden auch grundsätzliche **Probleme bei FuE-Kooperationen** und hier vor allem mit Universitäten gesehen. Die wichtigsten Punkte sind die Kontaktanbahnung und Vermittlung von Kooperationen sowie die Abwicklung gemeinsamer Projekte. Bei der Anbahnung von Kooperationen geht die Initiative überwiegend von den Unternehmen aus. In den Universitäten ist dagegen aus Sicht der Unternehmen oftmals nachwievor zu wenig Interesse an einer wirtschaftlichen Umsetzung von Forschungsergebnissen vorhanden. Entsprechend werden die Eigeninitiativen von universitären Gruppen zur Anbahnung von Kooperationen als unzureichend eingeschätzt. Bei der Abwicklung von Kooperationsprojekten werden aus Sicht der Unternehmen Managementdefizite an den Universitäten sichtbar. Dies äußert sich beispielsweise in grundlegenden Dingen wie fehlenden Zeitplänen oder nicht vorhandenen Meilensteinen und kann insgesamt zu einer unzuverlässigen Kooperationssituation führen.

2.2.4 Angebot und Bedarf zur Weiterbildung und Personalakquisition

Die Biotechnologieunternehmen Baden-Württembergs haben insgesamt nur einen geringen Bedarf für technisches und wissenschaftliches Personal (Abb. 2-22). Erheblich größer ist dagegen der Personalbedarf für den Bereich Vertrieb/Marketing.

Abb. 2-22: Bedarf an Personal und Weiterbildungsangeboten in den Biotechnologieunternehmen Baden-Württembergs

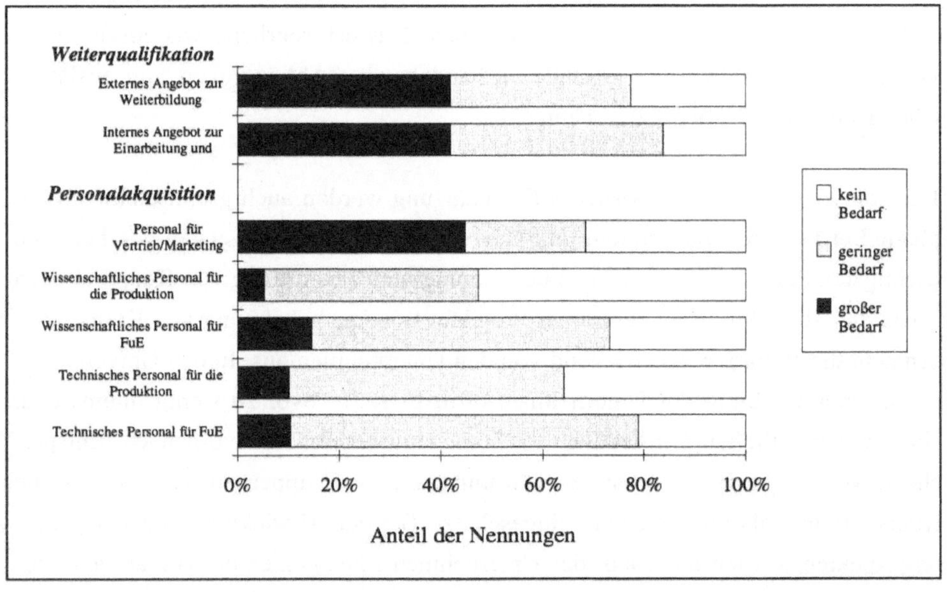

Dieses Personalbedarfsmuster deutet darauf hin, daß die Unternehmen zumindest **mittelfristig keine personalwirksamen Ausweitungen in FuE und Produktion** planen, sondern sich verstärkt dem Vertrieb und Marketing zuwenden wollen. Für diese Interpretation sprechen die optimistischen Angaben zur Umsatzentwicklung (Abb. 2-9). Ein gewisser Widerspruch ergibt sich allerdings zu den ebenfalls optimistischen Einschätzungen zur Entwicklung der FuE-Schwerpunkte, die auch einen zusätzlichen Bedarf nach entsprechendem Personal nahelegen könnten. Dieser Widerspruch würde sich auflösen, wenn man davon ausgehen könnte, daß sich die Unternehmen erst in jüngster Zeit mit ausreichendem wissenschaftlichem und technischem Personal eingedeckt hätten und jetzt quasi auf die positiven Auswirkungen dieser Personalpolitik setzten. Insgesamt kann der große Bedarf an Vertriebs/Marketing-Personal auch als Indikator dafür gewertet werden, daß die Biotechnologie zumindest in einigen Teilbereichen in ein reiferes Stadium eingetreten ist.

Ein hoher Stellenwert wird der **Weiterqualifikation** beigemessen. Bedarf sehen die Biotechnologieunternehmen sowohl beim externen als auch beim internen Angebot von Weiterbildungsmöglichkeiten.

Abb. 2-23: Einschätzung des Personalangebots und der Weiterbildungsmöglichkeiten durch die Biotechnologieunternehmen Baden-Württembergs

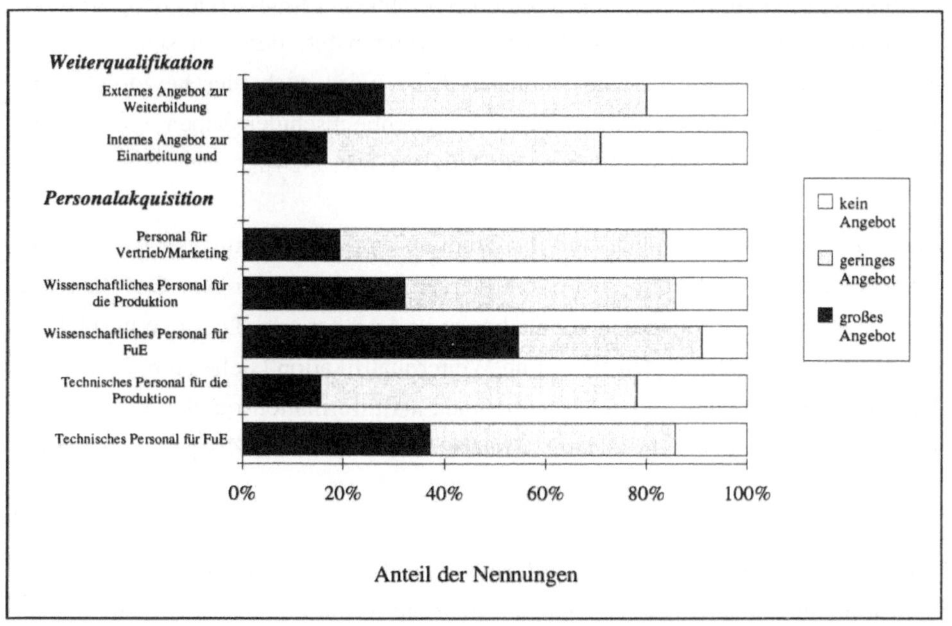

Der Vergleich von Personalangebot (Abb. 2-23) und Personalbedarf (Abb. 2-22) zeigt, daß außer im Bereich Vertrieb/Marketing für alle Tätigkeitsfelder das Personalangebot größer als die Nachfrage eingeschätzt wird. Am deutlichsten ist diese Diskrepanz beim wissenschaftlichen Personal, aber auch beim technischen Personal wird ein Überangebot konstatiert. Insgesamt deutet dieser Vergleich darauf hin, daß die Ausbildung in der Biotechnologie vor allem im wissenschaftlichen Bereich zumindest in quantitativer Hinsicht bisher am Markt vorbeigeht.

Ein Defizit besteht aber ebenso bei der Weiterqualifikation. Auch hierfür kann das Angebot an externen und internen Möglichkeiten zur Weiterbildung und Qualifizierung offensichtlich den Bedarf nicht voll befriedigen.

2.2.5 Informationsquellen und Informationsbedarf

Der hohe Weiterbildungsbedarf in den Biotechnologieunternehmen wird durch die Angaben zum bestehenden **Informationsnetzwerk** bestätigt. Das Spektrum der Informationsquellen ist vielseitig, allerdings bestehen Präferenzen für bestimmte Informationskanäle. Der informelle Know-how-Transfer, der sich schon in Abschnitt 2.2.3 als wichtig herauskristallisiert hatte, wird auch hier hervorgehoben. Die Gespräche mit Universitätsinstituten und Fachhochschulen haben einen hohen Rang, auch sieht man hier relativ geringe Defizite (Abb. 2-24).

Von gleichrangiger Bedeutung sind das Studium der **Fachliteratur**, der Besuch von **Kongressen und Seminaren** sowie von **Messen und Ausstellungen**. Das Angebot von Kongressen und Seminaren könnte besser und größer sein. Dieser Wunsch korreliert mit dem unbefriedigten Bedarf an Weiterqualifikation (siehe Abb. 2-22). Die Häufigkeit der Nennung anderer Unternehmen als Informationsquellen korreliert in etwa mit der Bedeutung anderer Unternehmen als FuE-Kooperationspartner (Abb. 2-16).

Eine untergeordnete Funktion im Informationsnetzwerk der Biotechnologieunternehmen hat die **Beratungsszene**. Ob Informationsvermittlungdienste, Technologieberatungsstellen, private Berater, IHKs oder Verbände, allen wird nur eine marginale Bedeutung zugebilligt. Gleichzeitig werden in diesem Bereich auch die größten Defizite gesehen, was durchaus auf einen Bedarf hinweist, der sich nach Einschätzung der mündlich befragten Unternehmen vor allem für Firmengründer ergibt. Es hat den Anschein, als wenn ein zukunftsträchtiger Markt von diesem wichtigen Informationsbeschaffungssektor bisher übersehen wurde. Auch Technologiezentren finden als Informationsquellen nur geringe Beachtung.

Datenbanken und Patentauslegestellen nehmen keinen herausragenden, aber doch einen beachtlichen Platz bei der Informationsbeschaffung ein.

Der von den Biotechnologieunternehmen artikulierte **Informationsbedarf** konzentriert sich auf vier Felder: den Markt einschließlich Marketing und Vertrieb, die Forschung und Entwicklung einschließlich der öffentlichen Förderung, auf Kooperationsmöglichkeiten sowie auf Patente (Abb. 2-25). Interessant ist der Informationsbedarf im Hinblick auf die öffentliche Förderung. Denn hierzu gibt es inzwischen ein reichliches Angebot an Informationsquellen. Offensichtlich ist dieses Angebot vielen Unternehmen nicht bekannt oder trifft in seiner konkreten Form nicht direkt den Bedarf der Unternehmen. Schließlich bestehen Informationslücken über Kooperationsmöglichkeiten. Diesem Aspekt ist besonderes Augenmerk zu schenken, denn Kooperationen haben für Biotechnologieunternehmen einen beachtlichen Stellenwert (siehe Abb. 2-15). Aber auch hier könnte die Beraterszene Dienste leisten, die von den Unternehmen offenbar auch hierzu zu wenig in Anspruch genommen wird. Das relativ große Interesse an Patenten korreliert mit der häufigen Nutzung von Patentauslegestellen (Abb. 2-24).

2.2.6   Standortfaktoren und ihre Bewertung

Für die Aufnahme biotechnologischer Aktivitäten durch die Unternehmen und für deren Niederlassung und Gründungen in einer bestimmten Region ist die Qualität der Standortfaktoren von ausschlaggebender Bedeutung. Deshalb wurden die Unternehmen über die Stellenwerte einzelner wichtiger Faktoren und deren Beeinträchtigungen in Baden-Württemberg befragt. Insgesamt wurden sieben Themenkomplexe angesprochen:
- Kapitalbedarf,
- Humanbedarf,
- Sonstige Ressourcen wie Beratungs- und Kooperationsangebot,
- Markt und Wettbewerb,
- staatliche Regulierungen,
- wissenschaftliche Infrastruktur und
- die Akzeptanzproblematik.

Abb. 2-24: Nutzung und Defizite von Informationsquellen durch Biotechnologieunternehmen in Baden-Württemberg

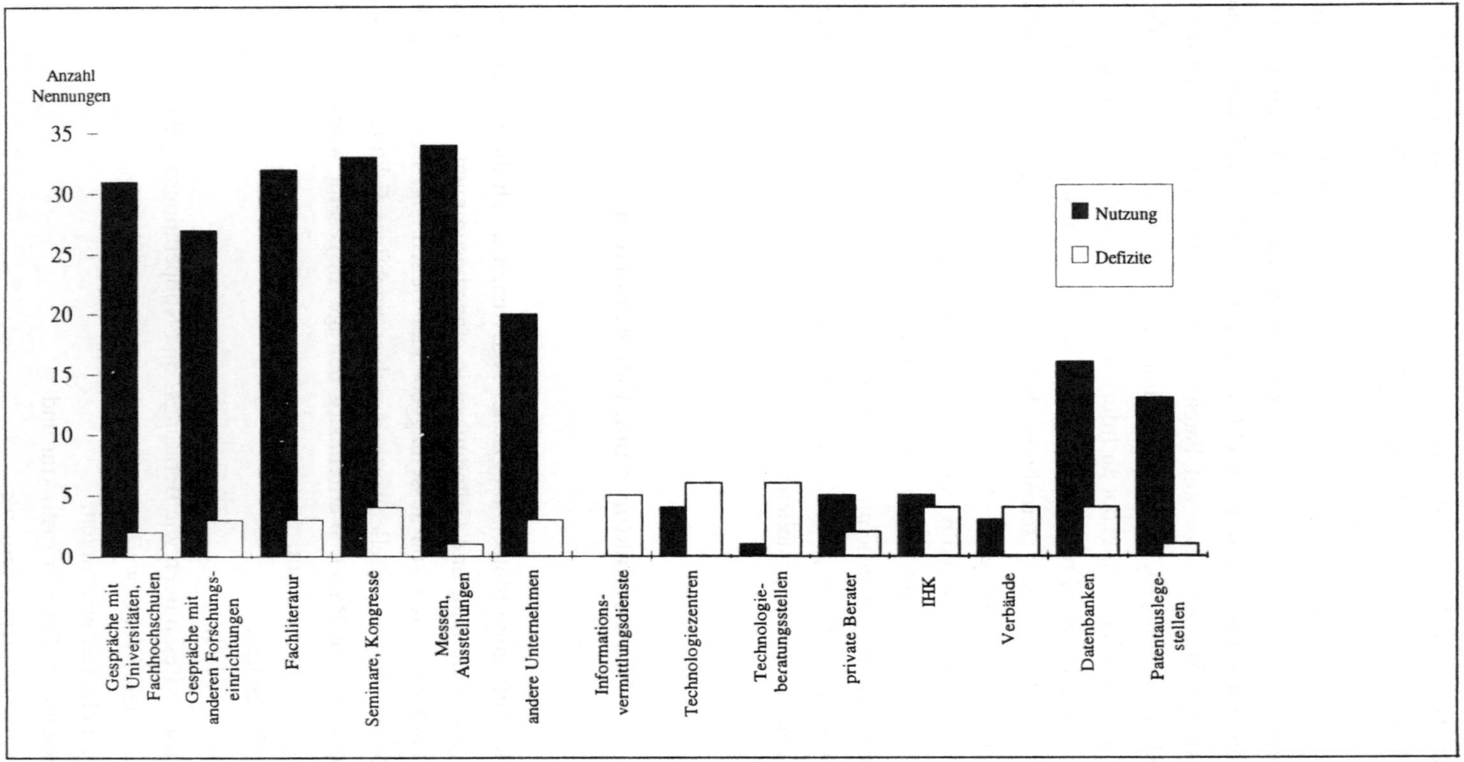

Abb. 2-25: Informationsbedarf der Biotechnologieunternehmen in Baden-Württemberg

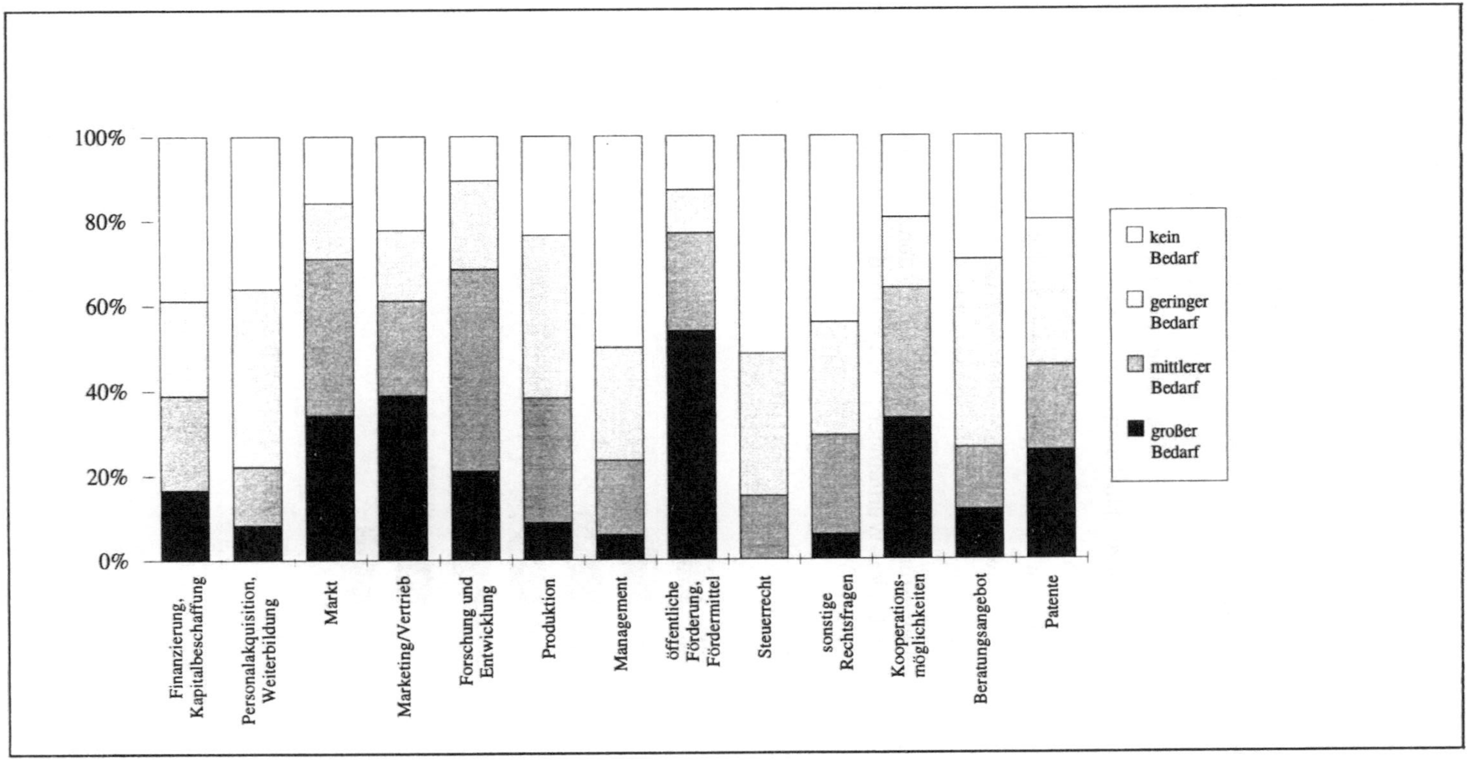

Der Ressourcenfaktor, der die Kapitalbeschaffung und -verfügbarkeit, das Personalangebot und andere beinhaltet, wird in der Abbildung 2-26 analysiert. Die Biotechnologieunternehmen Baden-Württembergs räumen der **Kapitalbeschaffung** eher einen geringeren Stellenwert ein. Bei dieser Gesamteinschätzung ist zu berücksichtigen, daß sich unter den befragten Unternehmen sowohl Neugründungen als auch diversifierende etablierte Unternehmen befinden. Die **Finanzierungsproblematik** stellt sich für diese Typen grundsätzlich unterschiedlich dar. Während Neugründungen viel stärker auf externe Finanzierungsquellen angewiesen sind, können die diversifizierenden Unternehmen eher auf finanzkräftigere Mutterfirmen zurückgreifen, was insgesamt zu einer geringeren Abhängigkeit von freien Finanzierungsmöglichkeiten führt. Insgesamt führt dieses differenzierte Firmenspektrum dazu, daß der Stellenwert der Kapitalbeschaffung pauschal niedriger eingeschätzt

Abb. 2-26:   Bewertung von Standortfaktoren durch Biotechnologieunternehmen in Baden-Württemberg (Kapitalbedarf, Humanbedarf, sonstige Ressourcen)

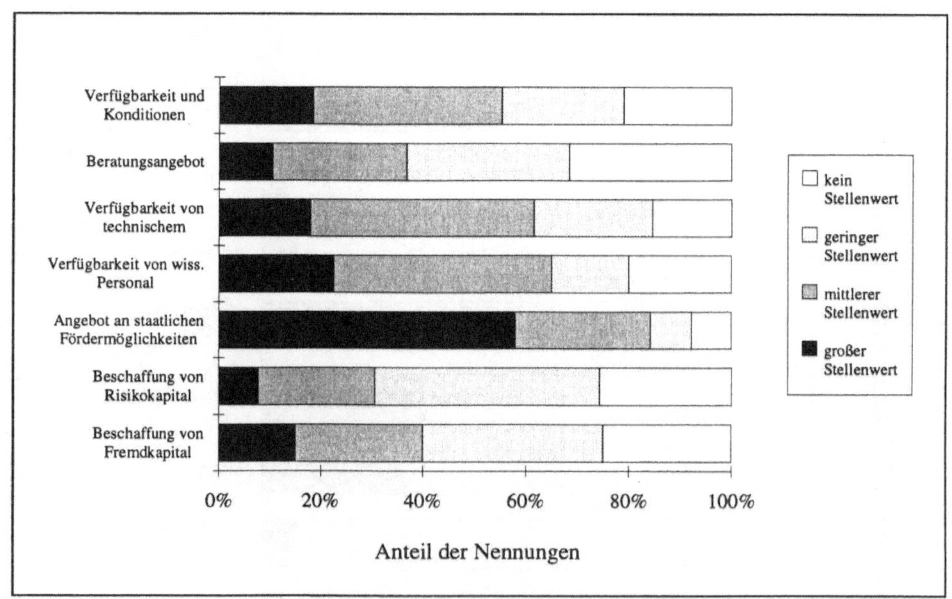

wird. Daß die Finanzierung in Einzelfällen und hier vermutlich vor allem bei jungen Unternehmen und Neugründungen eine wesentliche Rolle spielt, zeigt auch der hohe Stellenwert, der den staatlichen Fördermaßnahmen beigemessen wird.

Der **Verfügbarkeit von technischem und wissenschaftlichem Personal** wird nur ein mittlerer Stellenwert zugebilligt, was nach den Untersuchungen zum Bedarf und Angebot biotechnologischer Personalressourcen (siehe Abschnitt 2.2.4) auch nicht verwundert. Die Möglichkeiten, mit externen Partnern zu kooperieren, hat ebenfalls nur einen mittleren Rang bei der Standortbewertung. Der recht niedrige **Stellenwert externer Beratungen** für die Standortauswahl korreliert mit der geringen Inanspruchnahme von Beratern (siehe Abschnitt 2.2.5). Auf der anderen Seite ist dem regionalen Aspekt bei der Auswahl von Beratungskapazitäten für eine Vielzahl von Geschäftsabläufen auch heute kein allzugroßer Stellenwert mehr beizumessen, insbesondere wenn es um technisch-wissenschaftliche Beratungen geht, für die die fachliche Kompetenz ausschlaggebend ist.

Abb. 2-27:   Bewertung von Standortfaktoren durch Biotechnologieunternehmen in Baden-Württemberg (Markt, Wettbewerb)

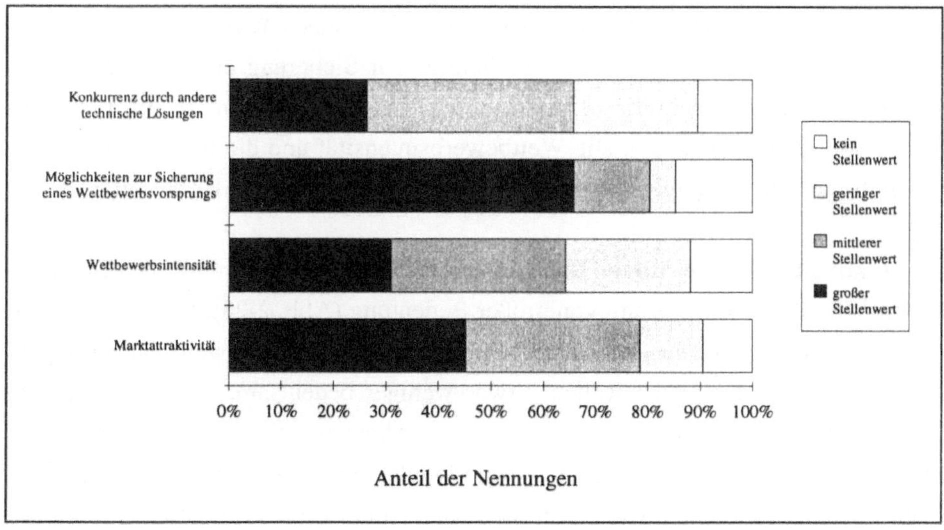

Abb. 2-28:   Bewertung von Standortfaktoren durch Biotechnologieunternehmen in Baden-Württemberg (staatliche Regulierungen)

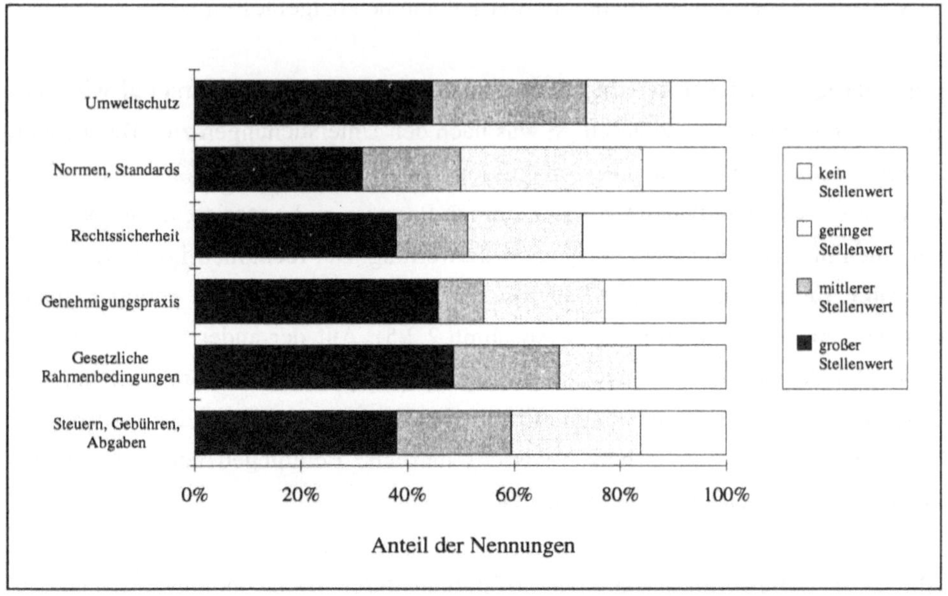

Aspekte des Marktes und des Wettbewerbs spielen wie erwartet eine größere Rolle bei der Entscheidung der Unternehmen, sich in Baden-Württemberg niederzulassen. Insbesondere sind es die Möglichkeiten zur Sicherung eines Wettbewerbsvorsprungs und allgemein die Marktattraktivität, die von den Unternehmen stärker beachtet werden (Abb. 2-27). Die Wettbewerbsintensität und die Konkurrenz durch andere technische Lösungen werden dagegen etwas zurückhaltender bewertet.

Die **staatlichen Regulierungen und die Praxis des Vollzugs** sind für den Standort Baden-Württemberg insgesamt von großer Bedeutung (Abb. 2-28). Die gesetzlichen Rahmenbedingungen, die Genehmigungspraxis und die Umweltschutzauflagen spielen hier die wichtigsten Rollen. Etwas weniger bedeutsam, aber dennoch von Wichtigkeit sind die Steuern, Gebühren und Abgaben, die bekanntermaßen die Schmerzgrenze vor allem junger Biotechnologieunternehmen bzw. Unternehmensgründer erreichen können. Die Rechtssicherheit ist ein weiterer nicht zu unterschätzender Faktor.

Aufgrund der hohen Wissenschaftsbindung der modernen Biotechnologie ist für die Unternehmen eine ständige Zugriffsmöglichkeit auf grundlegendes Know-how erforderlich. Da zudem informelle Kontakte eine wesentliche Form der Kooperation mit externen Know-how-Trägern sind (Abb. 2-18), überrascht es nicht, daß die **Nähe zu Know-how-Trägern** als wichtiger Standortfaktor angesehen wird (Abb. 2-29).

Die **Akzeptanz der Biotechnologie in der Bevölkerung** und die generelle Einstellung der Menschen zur Technik wird von den Unternehmen mit einem relativ hohen Stellenwert bedacht (Abb. 2-29). Diese vielfach als nicht ausreichend empfundene Akzeptanz der Biotechnologie in der Bevölkerung schlägt sich nach Einschätzung der zusätzlich mündlich befragten Unternehmen nicht in erster Linie in konkret benennbaren Ereignissen nieder. Vielmehr wirkt sich die weitläufige Negativeinschätzung der Biotechnologie eher indirekt aus. Dies heißt beispielsweise, daß die Motivation und Zufriedenheit der Mitarbeiter durch ständige Negativmeldungen in den Medien oder entsprechende Diskussionen im Bekanntenkreis beeinträchtigt werden. Weiterhin wird auch die Finanzierungsbereitschaft privater Kapitalgeber für biotechnologische Projekte durch stark negativ gefärbte Akzeptanzdiskussionen negativ beeinflußt.

Abb. 2-29:   Bewertung von Standortfaktoren durch Biotechnologieunternehmen in Baden-Württemberg (wissenschaftliche Infrastruktur, Akzeptanz)

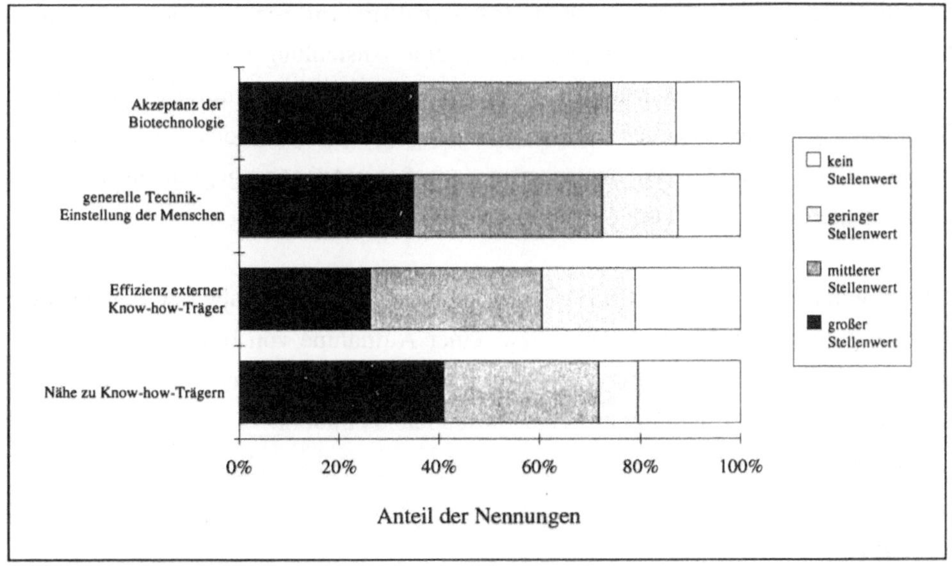

Abb. 2-30:　Bewertung aggregierter Standortfaktoren durch Biotechnologieunternehmen in Baden-Württemberg

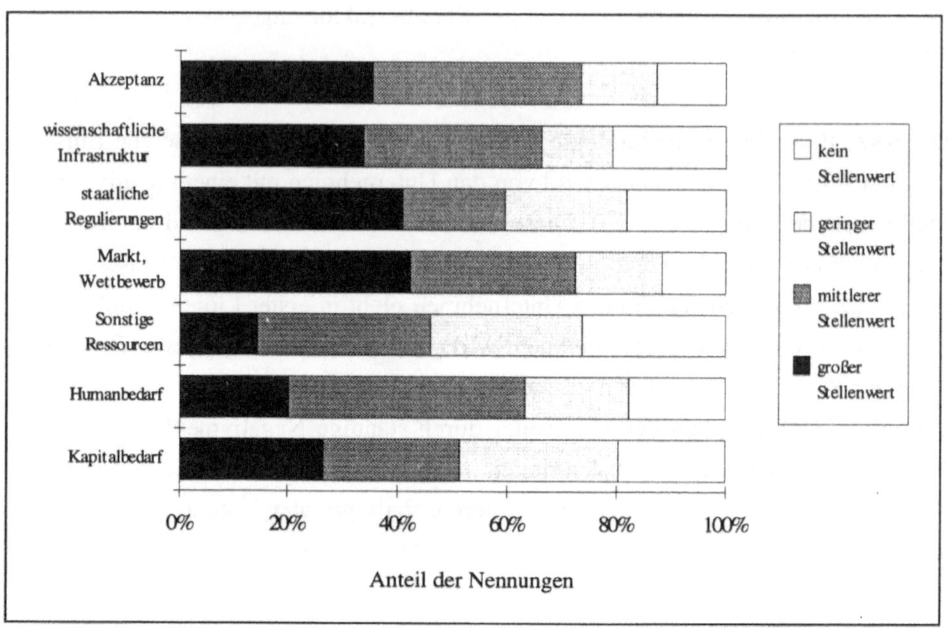

Die Abbildung 2-30 läßt eine vergleichende Bewertung der eingangs aufgelisteten sieben Blöcke zur Standortproblematik zu. **Markt und Wettbewerb, staatliche Regulierungen, die wissenschaftliche Infrastruktur und die Akzeptanz sind die herausragenden Standortfaktoren**, die für eine Ansiedlung von Biotechnologieunternehmen in Baden-Württemberg entscheidend sind. Von durchschnittlichem Stellenwert sind die verschiedenen Ressourcen für Kapital, Personal und Beratung, wobei für bestimmte Unternehmensgruppen, insbesondere neu gegründete Firmen, die Finanzierungsproblematik eine wesentlich größere Bedeutung hat.

Neben dem Stellenwert wurden die Unternehmen auch um Angaben zu den **Beeinträchtigungen** einer Niederlassung bzw. einer Aufnahme von biotechnologischen Aktivitäten in Baden-Württemberg gebeten. Es stellte sich heraus, daß es drei Sektoren sind, die die Ansiedlung im Lande besonders behindern:

– staatliche Regulierungen (32 %),

– Akzeptanz (27 %) und

– Kapitalbedarf (20 %).

Abb. 2-31:   Beeinträchtigung durch Standortfaktoren für Biotechnologieunternehmen in Baden-Württemberg (prozentuale Verteilung aufgrund der Nennungen)

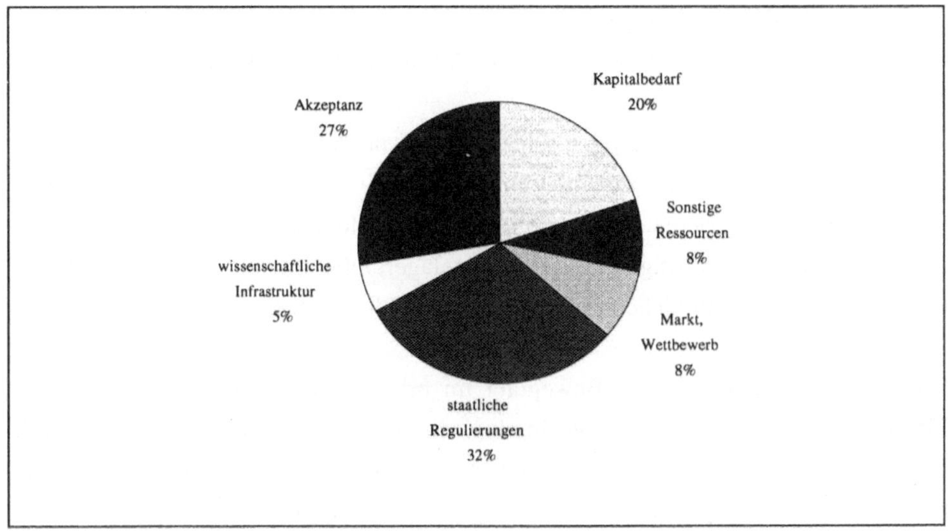

Dabei erhalten die beiden ersten Aspekte wegen ihres relativ hohen Stellenwertes (Abb. 2-31) besonderes Gewicht. Eine Detailauswertung ergab, daß insbesondere die gentechnisch ausgerichteten Unternehmen hier ihre Bedenken äußerten. Bezüglich der **staatlichen Regulierungen** werden nicht so sehr einzelne Gesetze oder Richtlinien als problematisch eingeschätzt, sondern die Vielzahl der verschiedenen Regulierungen und die Koordinierung ihrer Umsetzung, was insgesamt als Überregulierung empfunden wird. Die Probleme der Unternehmen mit der Regulierungssituation sind nicht gentechnikspezifisch. Vielmehr wird das Gentechnikgesetz und seine Umsetzung in Baden-Württemberg von allen direkt betroffenen Unternehmen als eines der wenigen Positivbeispiele für die Regulierungssituation gekennzeichnet. Insbesondere werden die Kompetenz und der Pragmatismus der zuständigen Genehmigungsbehörde gelobt.

Die als mangelnd empfundene **Akzeptanz** der Biotechnologie wirkt sich vor allem auf die schon beschriebene indirekte Weise negativ aus. Der **Kapitalbedarf** schließlich ist insbesondere für junge und neu gegründete Unternehmen ein zentrales Problem (vgl. die Abschnitte 3.2 und 4.2). Generell wird der private Kapitalmarkt als ungünstig eingeschätzt. Dies gilt insbesondere für Bankkredite oder Risikokapital. Nach den Erfahrungen der mündlich befragten Unternehmen sind diese potentiellen Geldgeber sehr zurückhaltend bei der Finanzierung biotechnischer Vorhaben. Daher werden vor allem die folgenden Finanzierungsstrategien verfolgt:

– Ergänzung der FuE-orientierten Firmenaktivitäten durch ein gewinnbringendes Service- oder Vertriebsangebot,

– Eigenfinanzierung durch biotechnische Produktionen in bestimmten Nischenfeldern,

– Beteiligung von finanzkräftigen größeren Unternehmen.

In einer grundsätzlich anderen Situation finden sich Unternehmen, die in die Biotechnologie diversifizieren. Hier sind die Biotechnologieeinheiten in der Regel in etablierte und finanzkräftigere Firmen eingelagert, die im wesentlichen auch die Finanzierung der risikoreichen FuE-Aktivitäten in der Biotechnologie übernehmen.

Seit kurzem ist eine gewisse Bewegung im privaten Kapitalmarkt bezüglich der Finanzierungsbereitschaft für biotechnologische Projekte zu erkennen. Hierzu zählt beispielsweise die Beteiligung von Banken und Biotechnologieunternehmen an gemeinsamen Workshops oder auch die Mitwirkung von privaten Finanzierungseinrichtungen an den kürzlich angelaufenen Bio-Regio-Aktivitäten im Rahmen des entsprechenden BMBF-Förderprogramms.

2.2.7 Möglichkeiten infrastruktureller Verbesserungen

Für Unternehmensgründer sind die Startbedingungen von entscheidender Bedeutung. Insbesondere auf dem Gebiet der Biotechnologie sind infrastrukturelle Hilfen in dieser kritischen Phase des Innovationsprozesses oftmals lebenswichtig. Das Konzept, junge Unternehmen in der Anlaufphase der Produktentwicklung und Markteinführung in **Technologiezentren** einzubinden, stellt inzwischen schon industriepolitische Geschichte dar. Relativ neu ist dagegen der Ansatz, sogenannte Bioparks zu eröffnen, die prinzipiell Technologiezentren für Biotechnologieunternehmen sind und als solche den speziellen Anforderungen dieser Klientel gerecht werden sollen.

Abb. 2-32: Einschätzung des Nutzens von Technologiezentren in Baden-Württemberg durch Biotechnologieunternehmen (prozentuale Verteilung aufgrund der Nennungen)

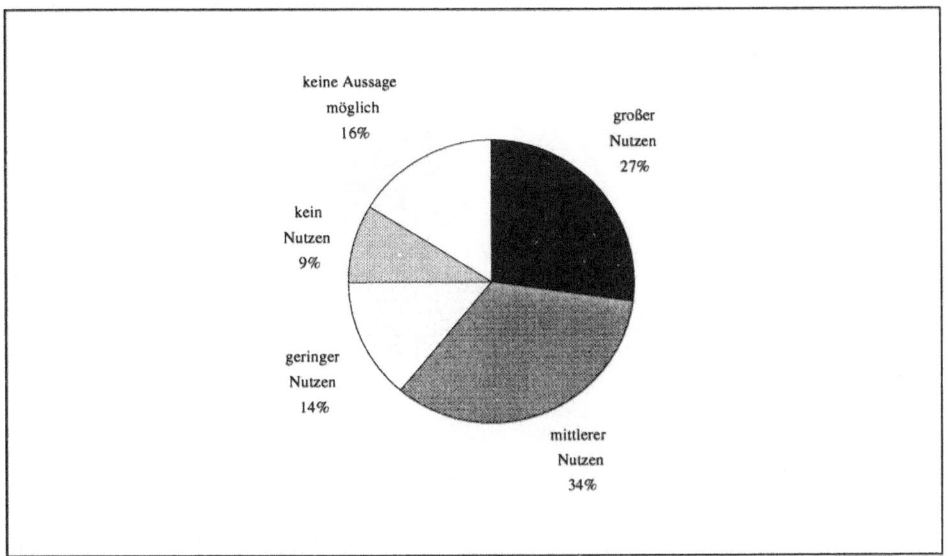

Die Umfrageergebnisse deuten darauf hin, daß spezielle **Biotechnologieparks** weniger Anklang finden als Technologiezentren, die auch anderen Unternehmen zugänglich sind (Abb. 2-32, Abb. 2-33). Ein plausibler Grund könnte im Querschnittscharakter der Biotechnologie liegen (siehe Abb. 2-11). Möglicherweise wurde an Synergieeffekte gedacht, die sich bei einer größeren Anwendungsvielfalt in solchen Zentren ergeben könnten. Ein anderer Grund könnte in der bisher üblichen Konzeption von Biotechnologieparks liegen. Ihre überwiegende Ausrichtung auf Unternehmensgründer entspricht möglicherweise nicht mehr den Bedürfnissen der etablierteren und sich konsolidierenden Biotechnologieunternehmen.

Ängste entstehen in der Regel, wenn über technische Gefahren nicht genügend und objektiv aufgeklärt wird. Deshalb wurden die Biotechnologieunternehmen gefragt, welche erforderlichen Veränderungen in der **Öffentlichkeitsarbeit** zu einer erhöhten Akzeptanz der Biotechnologie beitragen könnten (Abb. 2-34). Eine Schlüsselrolle bei der Verbesserung der Akzeptanz der Bevölkerung gegenüber der neuen Biotechnologie bzw. Gentechnik kommt nach Einschätzung der Unternehmen dem Bildungssystem und den Medien zu.

Abb. 2-33:   Einschätzung des Nutzens von Bioparks in Baden-Württemberg durch Biotechnologieunternehmen (prozentuale Verteilung aufgrund der Nennungen)

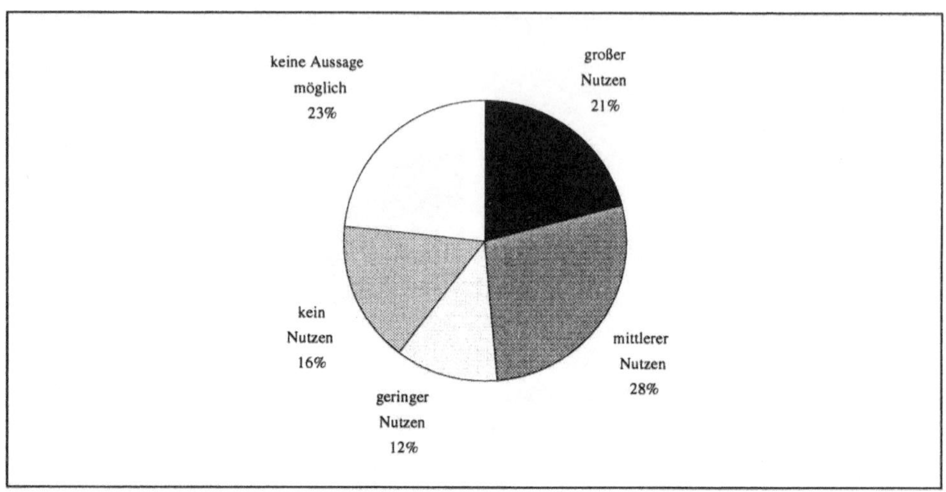

Abb. 2-34:   Erforderliche Veränderungen in der Öffentlichkeitsarbeit aus der Sicht der Biotechnologieunternehmen Baden-Württembergs

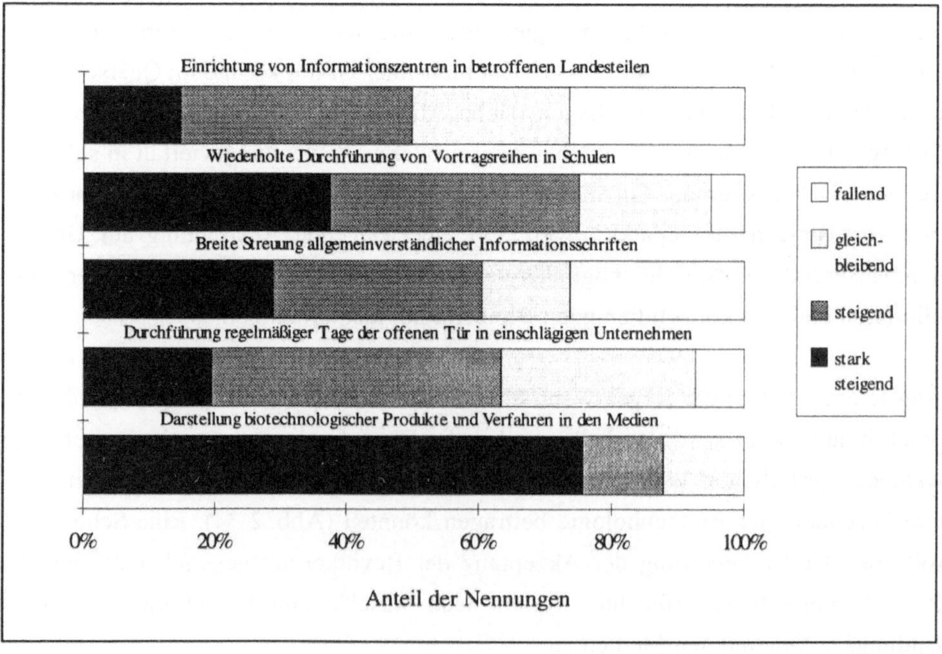

Dann folgt die schulische Arbeit. Hier könnten wiederholte Vortragsreihen dazu beitragen, ein höheres Verständnis für diese junge Technik zu entwickeln.

2.3 Biotechnologie-Aktivitäten in Universitäten und anderen Forschungseinrichtungen

2.3.1 Allgemeine Angaben zur Forschung und Entwicklung an Universitäten

Der Auswertung der biotechnologischen Forschung und Entwicklung in den Universitäten Baden-Württembergs liegen die Angaben von 46 Instituten zugrunde. 44 von diesen Instituten haben insgesamt 1.475 Mitarbeiter, von denen 491 mit biotechnologischen Aufgaben betraut sind. Von den zwei restlichen Instituten fehlen die entsprechenden Angaben. Nur fünf Institute beschäftigen sich ausschließlich mit der modernen Biotechnologie in dem eingangs definierten Sinne. Im Rahmen der FuE-Schwerpunkte sind 1992 insgesamt 310 Personenjahre abgearbeitet worden.

Die **Größenklassenverteilung der Mitarbeiterzahlen** in den Biotechnologieinstituten der Universitäten (Abb. 2-35) zeigt ein ähnliches Phänomen, wie wir es schon bei den Größenklassenverteilungen der Unternehmen feststellen konnten (siehe Abb. 2-3 und 2-4). Die Biotechnologie ist auch in der Wissenschaft nur eine Teilaktivität vieler Institute, die aus Anwendungsdisziplinen wie Medizin, Chemie, Verfahrenstechnik u. a. kommen.

Abb. 2-35: Größenklassenverteilungen der Mitarbeiterzahlen in den Biotechnologieinstituten der Universitäten Baden-Württembergs

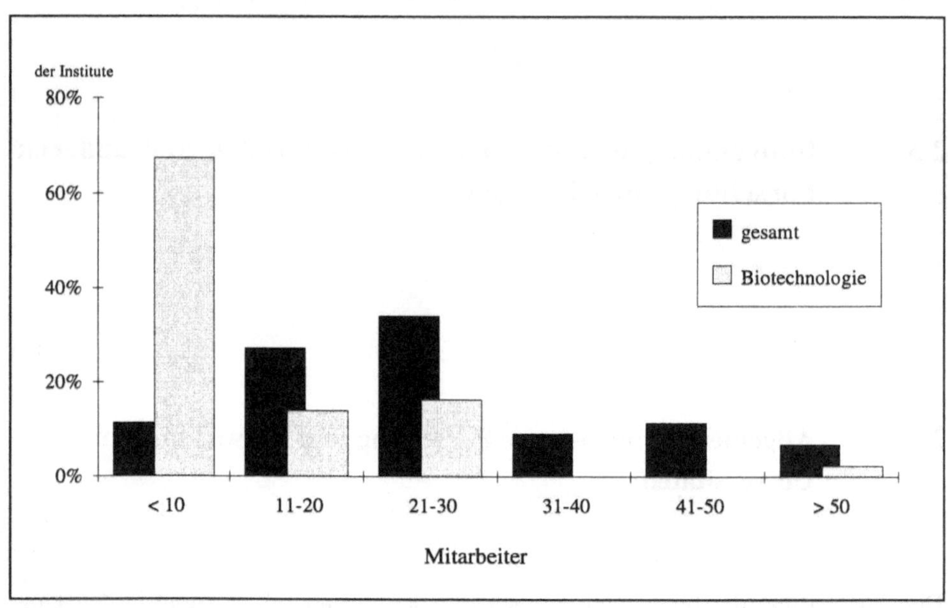

Abb. 2-36: Mittlere Anteile von Mitteln an der Finanzierung der Universitätsinstitute in Baden-Württemberg

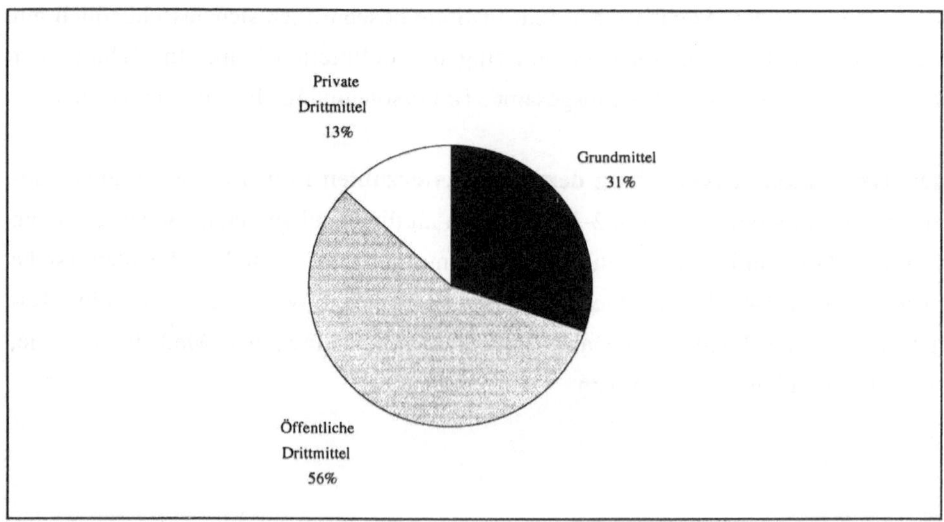

Abb. 2-37: Angaben zu den Finanzierungsanteilen in den Universitätsinstituten Baden-Württembergs

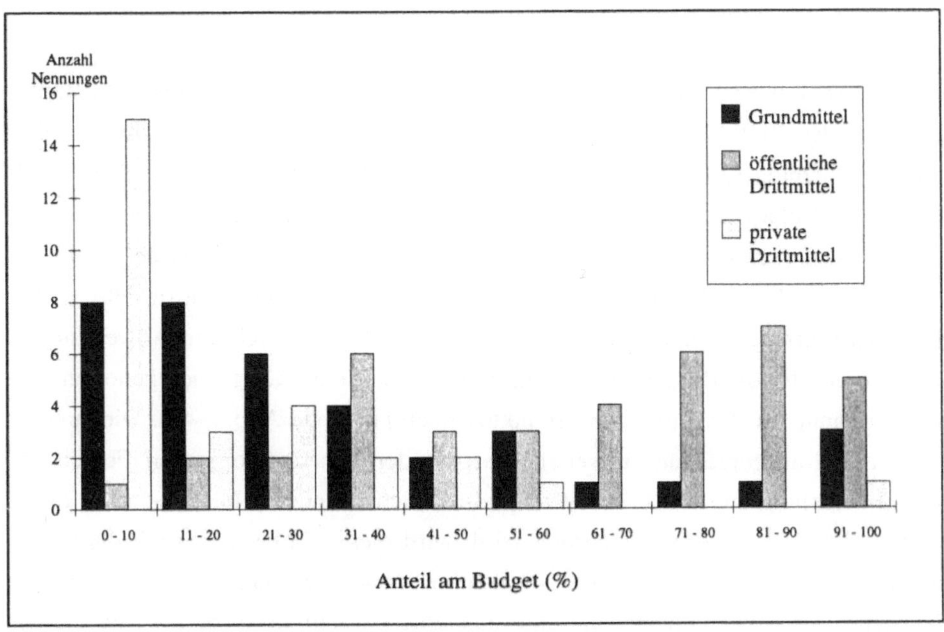

Die FuE-Aktivitäten zur Biotechnologie werden überwiegend aus **Drittmitteln** finanziert (Abb. 2-36), wobei 56 % des Budgets aus öffentlichen und 13 % aus privaten Quellen kommen. Nur ein knappes Drittel des FuE-Haushalts finanziert sich aus Grundmitteln der Universitäten. Eine detailliertere Verteilung der Mittel zeigt Abbildung 2-37. Aus dieser Abbildung läßt sich beispielsweise ablesen, in welcher Streuung die privaten Drittmittel zu den Haushalten der Institute beitragen. Überwiegend werden nur Budgetanteile unter 10 % über diesen Topf getragen, aber es gibt auch eine beachtliche Zahl von Instituten, bei denen diese private Finanzierung der Biotechnologieaktivitäten zwischen 30 und 60 % der Gesamtfinanzierung ausmachen. Von Interesse ist auch, daß eine größere Anzahl von Instituten ihre biotechnologischen Arbeiten in hohem Maße (70 - 100 %) über öffentliche Drittmittel finanzieren. Der Anteil der Drittmittel an der Finanzierung der Forschung an den Universitäten Deutschlands betrug 1990 im Durchschnitt dagegen nur 30 % (Wissenschaftsrat 1993, BuFo 1993).

2.3.2   Forschungs- und Entwicklungsaktivitäten zur Biotechnologie in den Universitäten

Wie die Abbildung 2-38 zeigt, konzentrieren sich die meisten Universitätsinstitute innerhalb der Biotechnologie auf den Medizinbereich (32 %). Dann folgten die Umweltforschung (20 %), die Chemie (15 %), der Bereich Ernährung (12 %) und die Landwirtschaft einschließlich des Gartenbaus (13 %). Eine untergeordnete Rolle spielen im universitären Bereich die Energieforschung (1 %) und die forstwirtschaftliche FuE (3 %). Bemerkenswerterweise wurden für nahezu alle **FuE-Schwerpunkte** der biotechnologischen Forschung und Entwicklung Anwendungsbereiche und Produktlinien angegeben, obwohl der Anteil der grundlagenorientierten Forschung an den FuE-Schwerpunkten hoch ist (siehe Abb. 2-44). Dies unterstreicht den ausgeprägten Anwendungsaspekt der biotechnologischen Forschung und Entwicklung an den Universitäten, wie er sich in anderen Fachbereichen nicht so darstellt. Wie später noch gezeigt wird, wird dieser Tatbestand auch durch die starke Neigung der Institute, mit Externen zu kooperieren, unterstrichen. Der Außenbezug, der Anwendungsbezug und die starke Drittmittelfinanzierung geben der Biotechnologie in den Universitäten insgesamt eine hohe Praxisorientierung.

Abb. 2-38:   Anwendungsbereiche der Forschung und Entwicklung in den Universitäten Baden-Württembergs

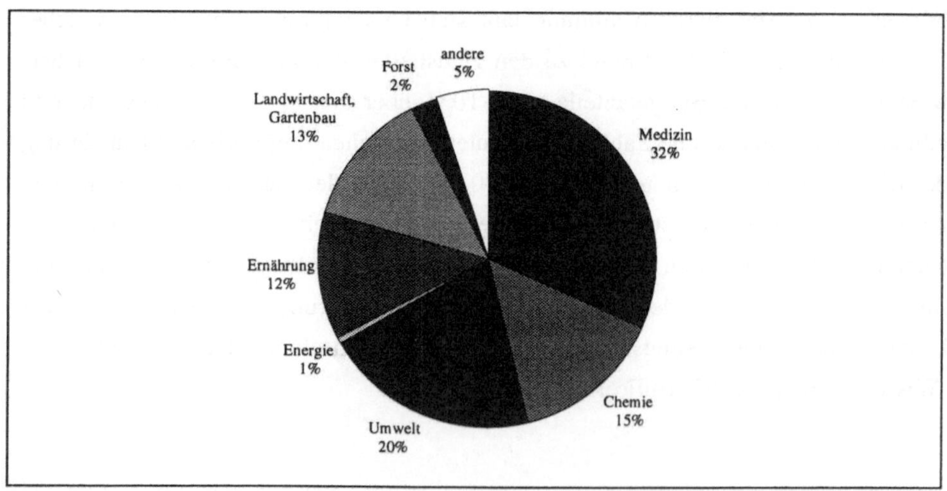

Abb. 2-39: Unterschiede der prozentualen Ausrichtung der Forschung und Entwicklung auf Anwendungsbereiche in den Universitäten gegenüber den Biotechnologieunternehmen (positive Prozentpunkte bedeuten höhere Anteile der Universitäten)

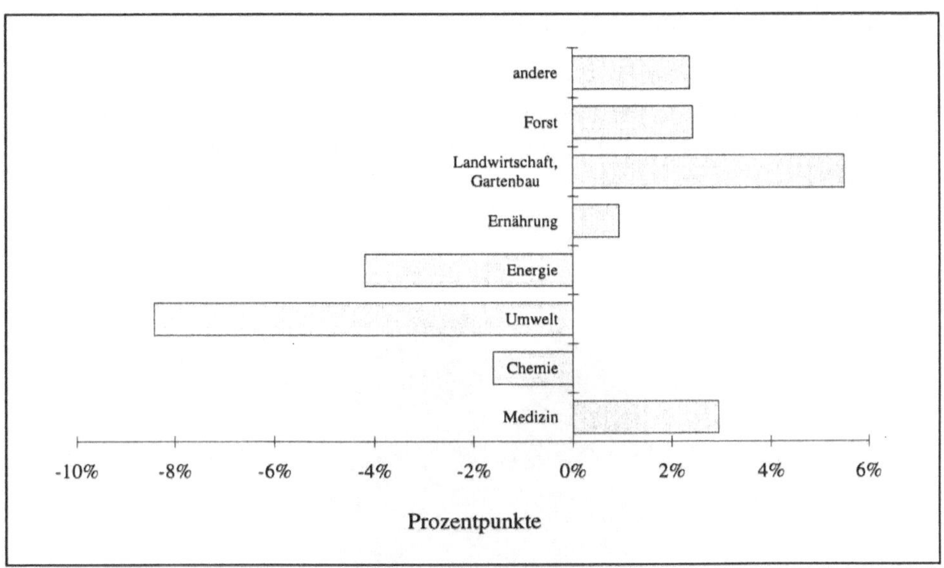

Vergleicht man das Spektrum der Anwendungen in den Universitätsinstituten mit den entsprechenden Verteilungen in den Biotechnologieunternehmen (Abb. 2-39), dann erkennt man einen deutlichen Überhang der Bereiche Medizin, Landwirtschaft/Gartenbau und Forst gegenüber den Unternehmen. Eindeutig zurückhaltender als in den Unternehmen wird in den Universitäten die energetische und umweltrelevante Forschung und Entwicklung betrieben. Dies ist sicherlich im Hinblick auf die Energie verständlich, da hier die Umsetzung in den Markt eine wichtige Rolle spielt. Im Hinblick auf die Umwelt wäre allerdings ein größeres Engagement der Universitäten in Relation zu den Unternehmen zufriedenstellender, denn aus Unternehmerkreisen ist immer wieder von FuE-Defiziten z. B. auf dem Gebiet des Mikrobeneinsatzes bei der Bodensanierung zu hören.

Die Abbildung 2-40 spiegelt das **Anwendungsspektrum der Biotechnologie** auf der Produktebene wider. Wie schon oben erläutert, gibt es zwischen den Anwendungsfeldern und den Produktlinien eindeutige Querbezüge. So lassen sich Pharmazeutika (13 %), Teile der Feinchemikalien (11 %) und Tiere, Pflanzen einschließlich der Mikroorganismen (23 %) dem medizinischen Anwendungsbereich zuordnen. In den jeweiligen Anteilen lassen sich dann Übereinstimmungen erkennen. Ähnlich lassen sich die Massenchemikalien den Bereichen Chemie, Ernährung und Landwirtschaft zuteilen. Auch hier überrascht der relativ hohe Anteil von 25 % nicht. Der Anlagenbau (5 %) und die Geräteentwicklung (8 %) ist sicherlich in hohem Maße dem Umweltbereich zuzurechnen.

Abb. 2-40:   Ausrichtung der biotechnologischen Forschung und Entwicklung in den Universitäten Baden-Württembergs auf Produkte

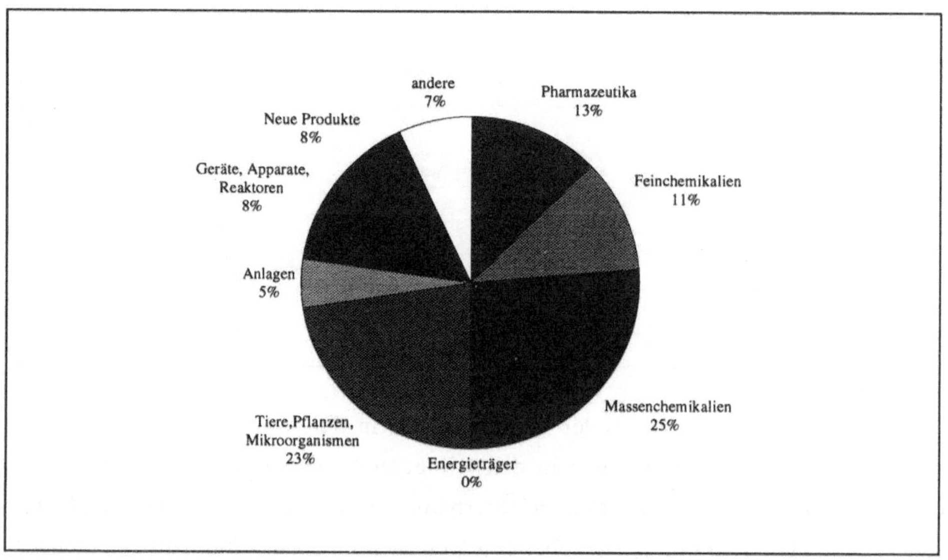

In der Abbildung 2-41 wird die Produktpalette mit den entsprechenden Verteilungen der Biotechnologieunternehmen verglichen. Die Universitätsinstitute haben sich hiernach eine Spezialisierung bei den Massenbiochemikalien gesucht. Dieses Ergebnis überrascht etwas. Bei den Geräten und Anlagen liegen die Universitätsinstitute dagegen im Hintertreffen. Dieser Sachverhalt ist eher plausibel, da es sich hierbei oftmals um die Entwicklung von Prototypen und Demonstrationsanlagen handelt. Daß die Universitäten bei den Pharmazeutika gegenüber den Unternehmen so eindeutig zurückliegen, nachdem sie im medizinischen Bereich noch im Plus lagen (siehe Abb. 2-39), hängt wohl damit zusammen, daß die medizinische Forschung auch von der Produktgruppe Tiere, Pflanzen und vor allem Mikroorganismen und anderen getragen wird. Neben den bereits angesprochenen Produkten (Geräte, Anlagen) gibt es bei den Universitätsinstituten, insbesondere bei den Energieträgern aber auch bei Tieren, Pflanzen, Mikroorganismen, geringere Präferenzen.

Abb. 2-41:   Unterschiede der prozentualen Ausrichtung der Forschung und Entwicklung auf Produkte in den Universitäten gegenüber den Biotechnologieunternehmen (positive Prozentpunkte bedeuten höhere Anteile der Universitäten)

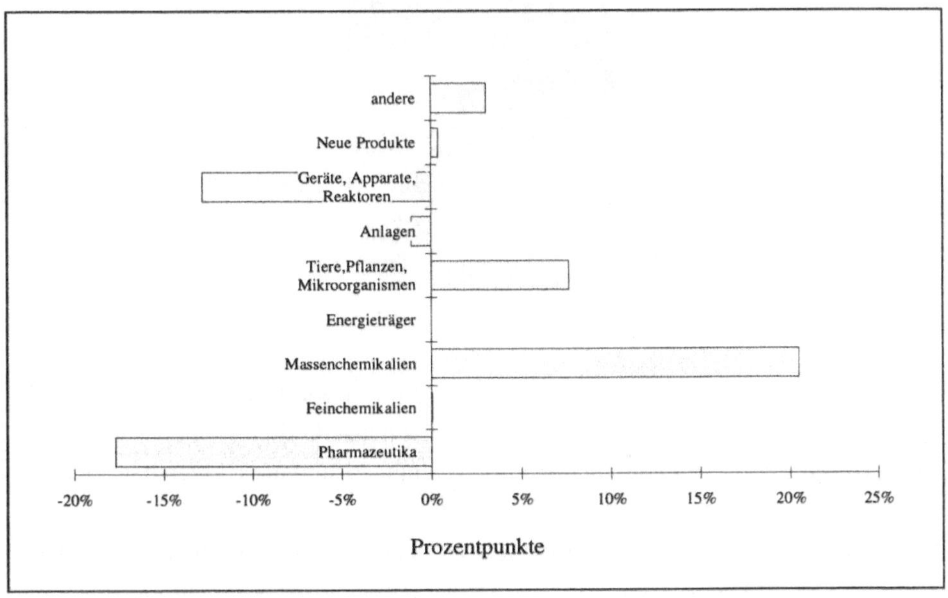

Die Ausrichtung der biotechnologischen Forschung und Entwicklung an den Universitäten auf **Methoden und Verfahren** (Abb. 2-42) zeigt zwei herausragende Gebiete, nämlich die Gentechnik (20 %) und die Analytik (21 %). Die klassische Züchtung und Vermehrung ist mit einem Anteil von 5 %, das Screening mit 10 %, die Zellkulturtechnik mit 8 % und andere Methoden ebenfalls mit 8 % vertreten. Bei den Verfahren werden 7 % der Anteile für die Stoffumwandlung, 3 % für die Aufbereitung und 9 % für die Prozeßführung angegeben. Die Informatik einschließlich der elektronischen Datenverarbeitung besetzt 6 % der Nennungen. Wie bei den Unternehmen halten sich auch bei Universitäten die Methoden- und die Verfahrensentwicklung etwa die Waage. Diese doch überraschend hohe Bedeutung der Verfahrensentwicklung unterstreicht noch einmal die insgesamt hohe Anwendungsorientierung der biotechnologischen FuE an den Universitäten.

Abb. 2-42: Ausrichtung der biotechnologischen Forschung und Entwicklung in den Universitäten Baden-Württembergs auf Methoden und Verfahren

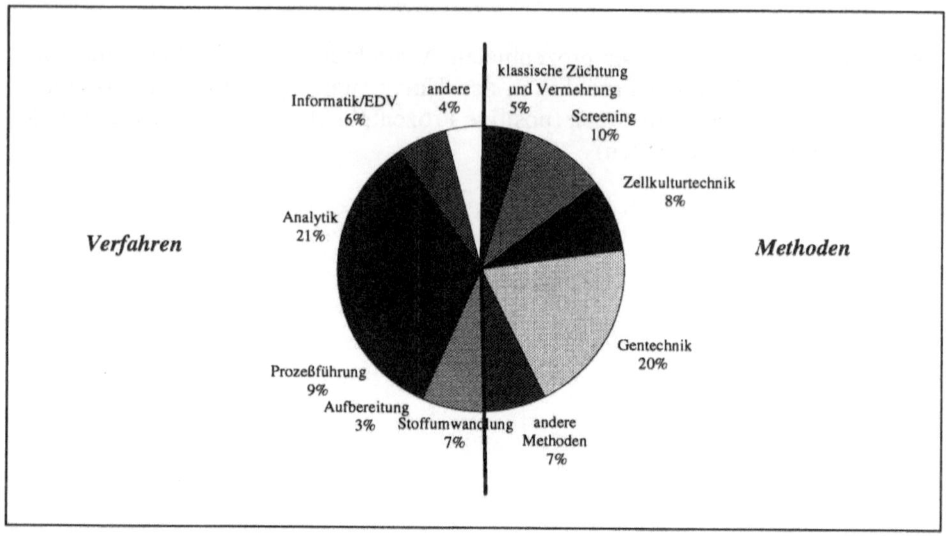

Die Abbildung 2-43 beleuchtet wiederum die Differenzen der prozentualen Anteile der Ausrichtungen der Forschung und Entwicklung auf Methoden und Verfahren gegenüber den Biotechnologieunternehmen. Demnach sind die Universitäten stärker auf die Analytik, die Gentechnik, die Zellkulturtechnik sowie die Informatik ausgerichtet. Schwerpunkte der Biotechnologieunternehmen im Vergleich zu den Universitäten liegen dagegen bei der klassischen Züchtung und Vermehrung sowie bei der Aufbereitung und weiteren verfahrenstechnischen Aspekten.

Abbildung 2-44 macht deutlich, daß die biotechnologische Forschung und Entwicklung trotz des erkannten Anwendungsbezugs weitgehend der Grundlagenforschung zuzurechnen ist (48 %). Entwicklungen werden in hohem Maße im Labormaßstab (31 %) und weniger im Technikumsmaßstab (8 %) und Pilotmaßstab (5 %) durchgeführt. Aspekte der Markteinführung spielen, wenn überhaupt, nur eine unwesentliche Rolle (3 %).

Die Arbeitsteilung zwischen Universitäten und Biotechnologieunternehmen wird aus Abbildung 2-45 deutlich: Gegenüber den Biotechnologieunternehmen stehen die Grundlagenforschung und die Entwicklungen im Labormaßstab im Vordergrund

Abb. 2-43:   Unterschiede der prozentualen Ausrichtung der Forschung und Entwicklung auf Methoden und Verfahren in den Universitäten gegenüber den Biotechnologieunternehmen (positive Prozentpunkte bedeuten höhere Anteile der Universitäten)

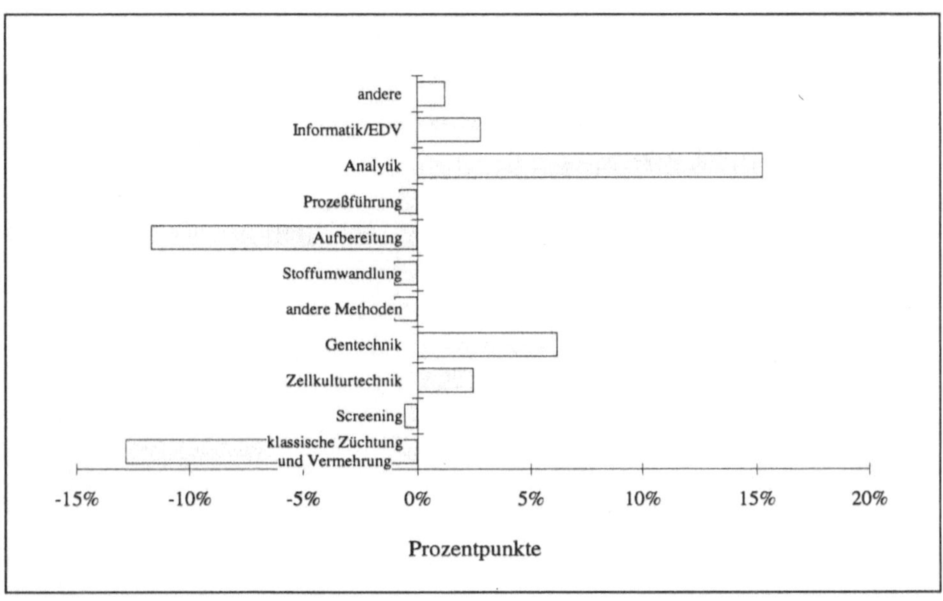

Abb. 2-44:   Stadium der Forschung und Entwicklung in den Universitäten Baden-Württembergs

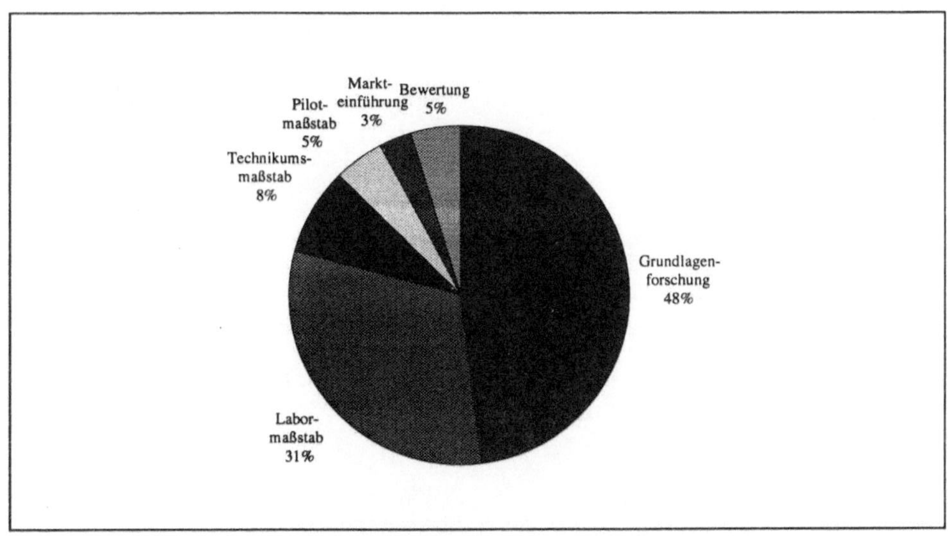

Abb. 2-45: Unterschiede der prozentualen Ausrichtung der Forschung und Entwicklung auf Forschungs- und Entwicklungsstadien in den Universitäten gegenüber den Biotechnologieunternehmen (positive Prozentpunkte bedeuten höhere Anteile der Universitäten)

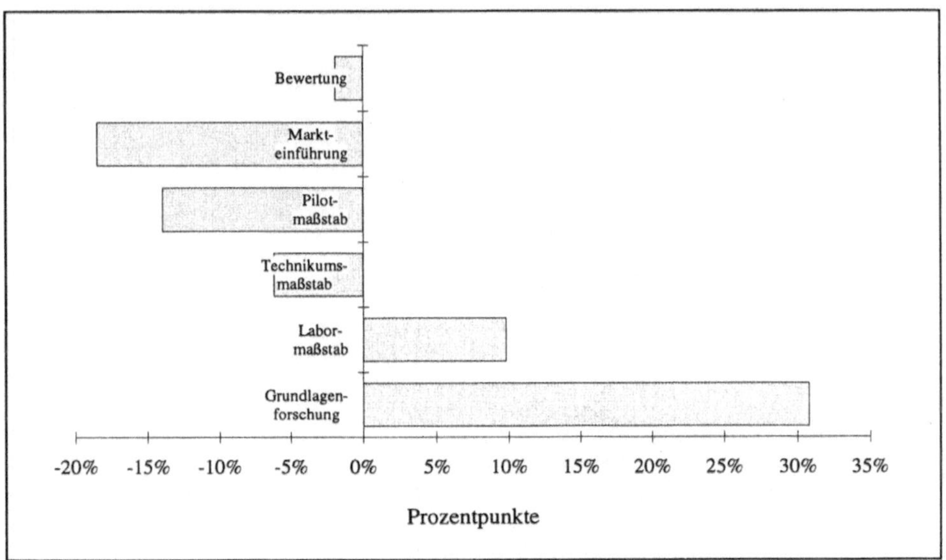

Abb. 2-46: Entwicklungstrend der Forschung und Entwicklung in den Universitäten Baden-Württembergs

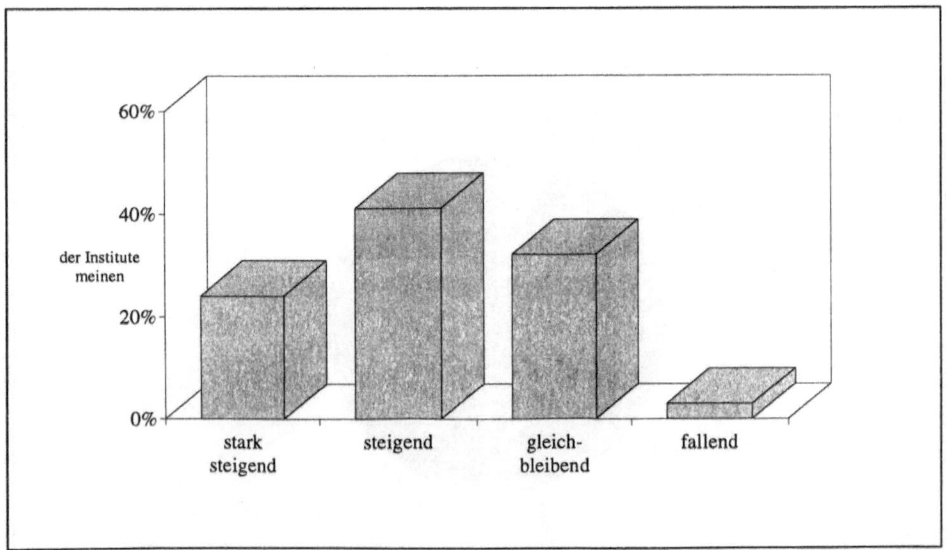

der Arbeiten, während die Entwicklungen im Technikumsmaßstab und Pilotmaßstab eindeutig bei den Unternehmen einen höheren Rang einnehmen. Ebenso gehört die Markteinführung in die Unternehmensobliegenheiten.

Der Entwicklungstrend der biotechnologischen Forschung und Entwicklung wird wie auch in den Unternehmen durchweg positiv beurteilt (Abb. 2-46). Nahezu zwei Drittel der Projektleiter der FuE-Schwerpunkte aus dem Universitätsbereich attestieren ihrem Arbeitsgebiet eine steigende Entwicklungstendenz.

2.3.3 Know-how-Transfer und Kooperationsverhalten der Universitäten

Tab. 2-3: Kooperationen im Rahmen der Forschung und Entwicklung in den Universitätsinstituten Baden-Württembergs zur Biotechnologie (die Prozente beziehen sich entweder auf die 74 FuE-Schwerpunkte oder die 45 Universitätsinstitute)

Nutzung von externem Know-how						
	insgesamt		im Rahmen von Aufträgen an Externe		durch informellen Austausch	
in FuE-Schwerpunkten	52	70 %	9	12 %	48	65 %
in Unternehmen	33	73 %	7	16 %	32	71 %
Lieferung von Know-how an Externe						
	insgesamt		im Rahmen von Aufträgen durch Externe		durch informellen Austausch	
in FuE-Schwerpunkten	64	86 %	28	38 %	51	69 %
in Unternehmen	41	91 %	19	42 %	35	78 %

Im Rahmen der Angaben zu den FuE-Schwerpunkten erfolgten - unterschieden nach der Nutzung und der Lieferung von Know-how - Hinweise auf Kooperationen. In der Tabelle 2-3 sind die Ergebnisse der einzelnen Aussagen zusammengefaßt worden. Interessant ist, daß die Hochschulen bei ihrer Forschung und Entwicklung in hohem Maße auch externes Wissen für ihre Arbeiten nutzen. Dies unterstreicht einmal mehr die These vom hohen Maß kooperativer Forschungs- und Entwicklungsarbeiten in den Universitäten, nicht unbedingt mit außeruniversitären Einrichtungen, wie wir noch sehen werden. **In 70 % der Institute wird die biotechnologische Forschung und Entwicklung in einem engem Kontakt mit Dritten durchgeführt**. In der Mehrzahl sind dies informelle Kontakte, doch überraschenderweise vergeben die Universitätsinstitute auch in 12 % aller FuE-Schwerpunkte Aufträge an Außenstehende.

Weit ausgeprägter als die Nutzung externen Know-hows ist die Lieferung von Wissen. Auch hierbei spielt der informelle Austausch eine wichtige Rolle, der in rund 70 % aller FuE-Schwerpunkte praktiziert wird. In etwa 40 % aller FuE-Schwerpunkte bzw. Universitätsinstitute erfolgt der Know-how-Transfer im Rahmen von Aufträgen durch Dritte. Diese Angabe ist konsistent mit der hohen Drittmitteleinwerbung bei der Finanzierung der biotechnologischen Forschung und Entwicklung in den Universitäten. Es unterstreicht aber auch das generell vorhandene Potential der Auftragsforschung in diesem Sektor.

Insgesamt haben die **Kooperationen** im Rahmen der biotechnologischen universitären Forschung und Entwicklung teilweise einen hohen (33 %) und oftmals einen mittleren Stellenwert (37 %) (Abb. 2-47). Im Vergleich zu den Biotechnologieunternehmen sind die Anteile dieser hohen bis mittleren Einschätzung bedeutend größer, während diese gegenüber den sonstigen Forschungseinrichtungen etwas verhaltener ausfallen, wenn der hohe und mittlere Einschätzungsanteil zusammengefaßt werden (Abb. 2-48). Diese Bewertung wird durch die Angaben zu den Kategorien "geringer" und "kein" Stellenwert spiegelbildlich bestätigt.

Abb. 2-47: Stellenwert von Kooperationen in den Universitätsinstituten in Baden-Württemberg

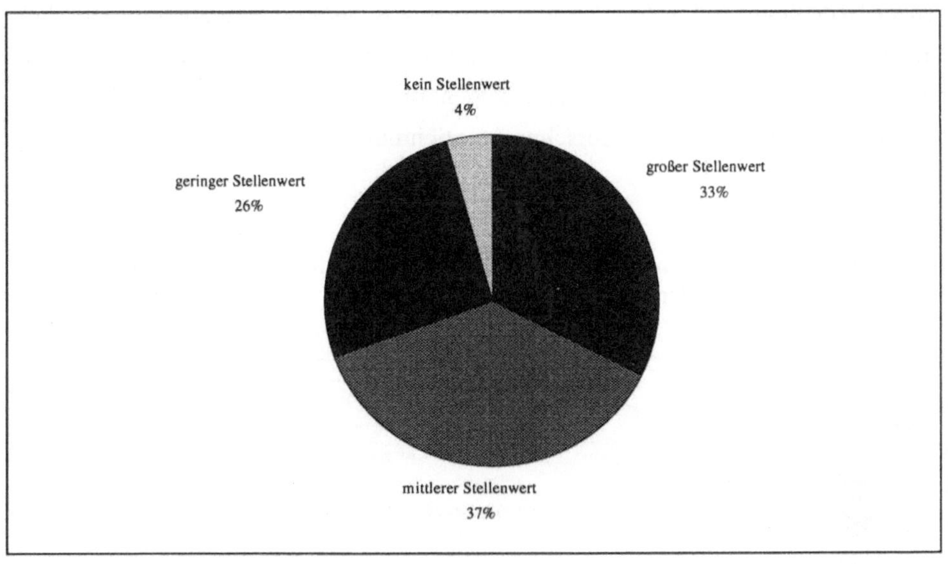

Abb. 2-48: Unterschiede in der prozentualen Verteilung der Angaben zum Stellenwert von Kooperationen in den Universitätsinstituten gegenüber Unternehmen und sonstigen Forschungseinrichtungen (positive Prozentpunkte bedeuten höhere Anteile der Institute)

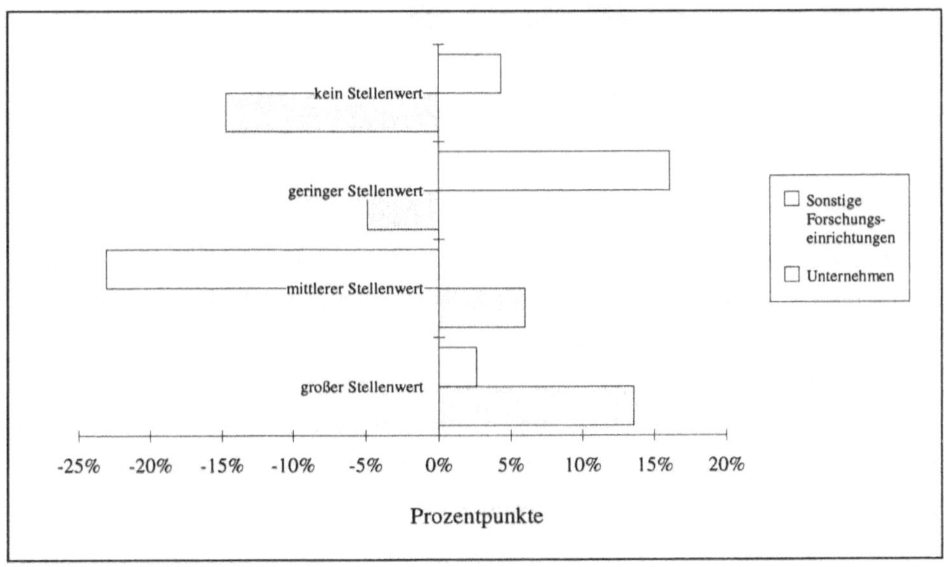

Abbildung 2-49 zeigt die Verteilung der Nennungen und die Rangfolge der Bedeutung der einzelnen **Kooperationspartner** von Universitätsinstituten. Von herausragender Bedeutung sind andere Universitätsinstitute, insbesondere auch im Hinblick auf die Rangfolge, und an zweiter Position die Industrieunternehmen mit etwas niedrigerem Rang. An dritter Stelle folgen die Max-Planck-Institute. Kliniken, Fraunhofer-Institute und Großforschungseinrichtungen sind von geringerer Bedeutung.

Abb. 2-49: Kooperationspartner von Universitätsinstituten in Baden-Württemberg mit den Anteilen ihrer Rangfolge

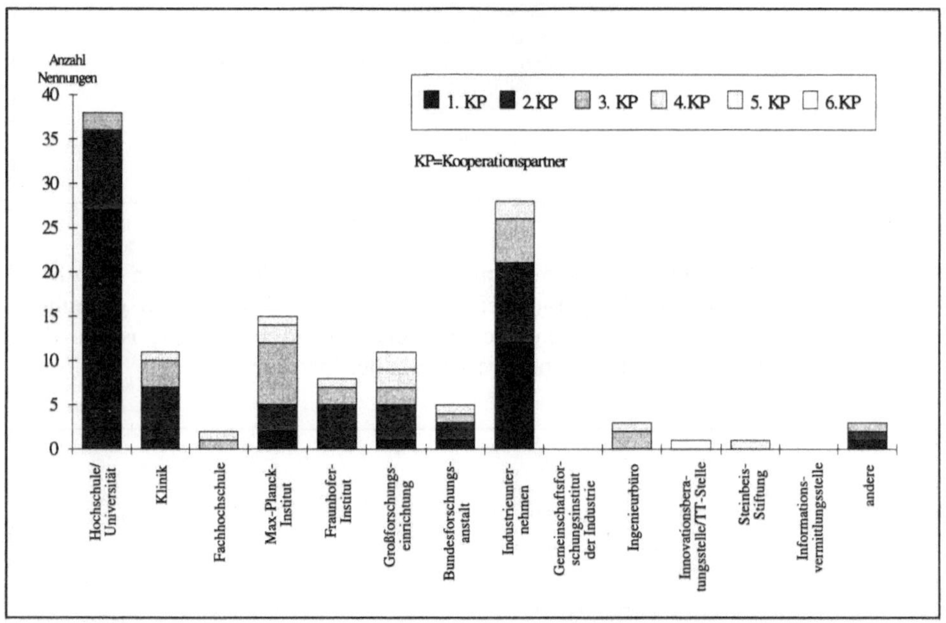

Im Vergleich mit den Kooperationspartnern der Biotechnologieunternehmen gibt es einige markante Unterschiede im Partnerspektrum (Abb. 2-50). Insbesondere spielen die Fachhochschulen, aber auch die Bundesforschungsanstalten als Kooperationspartner für die Universitäten kaum eine Rolle, während die Unternehmen offen sichtlich die Zusammenarbeit mit diesen stärker pflegen. Für die Universitäten haben dagegen die universitären Institute, die Max-Planck-Institute und die Unternehmen einen relativ höheren Stellenwert als für die befragten Unternehmen.

Insgesamt ergibt sich für die Universitäten somit folgendes **Kooperationsmuster**: Intensive Kooperationen finden einerseits mit anderen Forschungseinrichtungen statt, die stark wissenschaftlich orientiert sind (Max-Planck-Institute, Hochschulen), andererseits mit eher anwendungsorientierten Industrieunternehmen. Dagegen wird mit anwendungsorientierten Forschungseinrichtungen wie z. B. Fachhochschulen und auch Bundesforschungsanstalten nur wenig kooperiert.

Abb. 2-50: Unterschiede der prozentualen Verteilung der Kooperationspartner der Universitätsinstitute gegenüber den Biotechnologieunternehmen (positive Prozentpunkte bedeuten höhere Anteile der Institute)

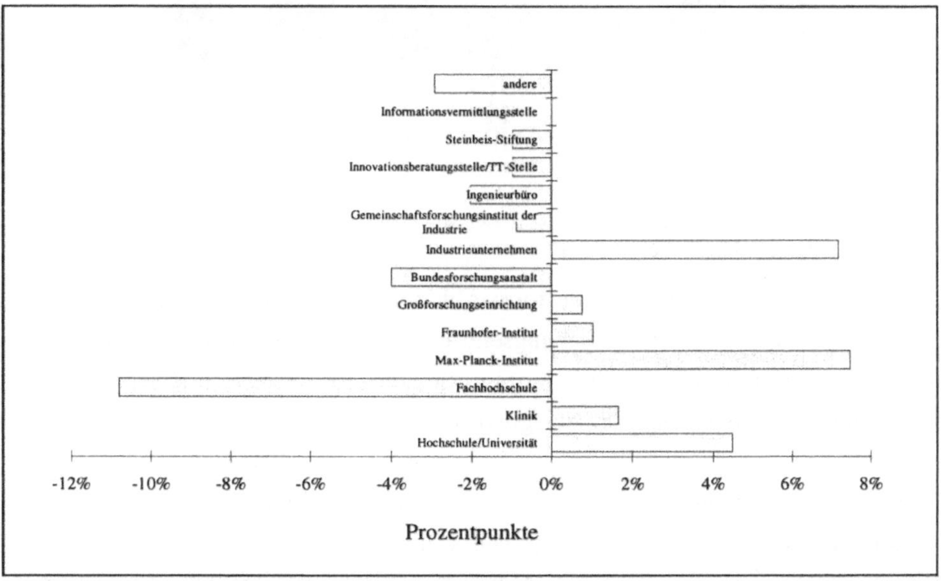

Die Bedeutung der verschiedenen Kooperationsformen mit Unternehmen wird in der Abbildung 2-51 vergleichend dargestellt. Unschwer ist der hohe Rang der **informellen Kontakte** zu erkennen, wie wir ja auch aus den Antworten zu den FuE-Schwerpunkten erfahren konnten (siehe Tab. 2-3). Wichtig sind aber auch die gemeinsamen FuE-Vorhaben und geförderten Verbundprojekte, wobei diese Kategorien nicht unabhängig voneinander sind. Nicht unwesentlich ist das Instrument der Diplom- und Doktorarbeiten, die gemeinsam mit den Biotechnologieunternehmen durchgeführt werden. Keine große Rolle für die Zusammenarbeit mit den Unternehmen spielen der Wissenschaftleraustausch und Gutachten bzw. Expertisen.

Abb. 2-51: Bedeutung von Kooperationsformen für Universitätsinstitute in Baden-Württemberg

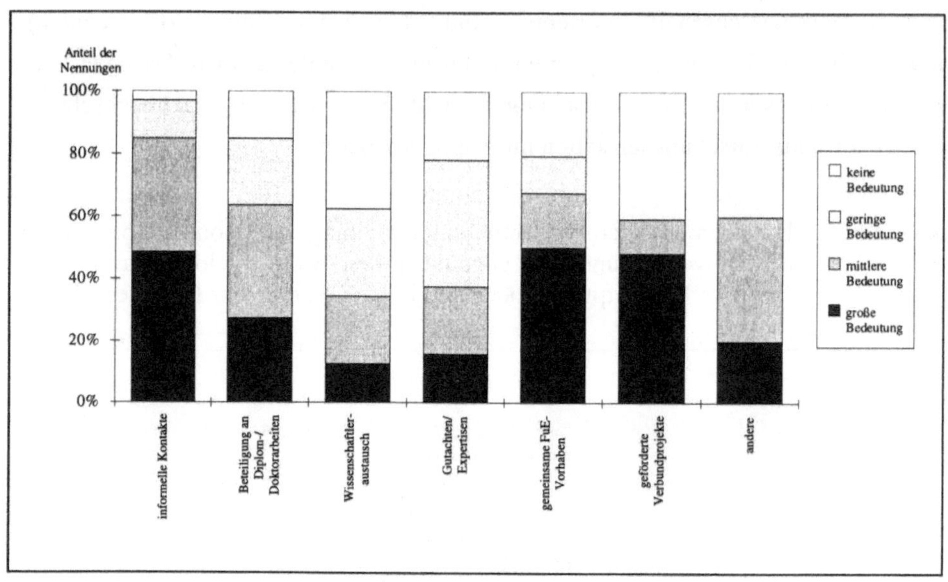

Die Einschätzung der Kooperationsformen durch die Universitäten gleicht der der Unternehmen und sonstigen Forschungseinrichtungen weitestgehend, was durch die relativ geringen prozentualen Differenzen (kleiner 6 %-Punkte) in der vergleichenden Analyse der Abbildung 2-52 belegt wird.

Schließlich wurden auch die Universitätsinstitute nach ihrem Bedarf an unternehmensfinanzierten Postdoc-Stellen zur Durchführung anwendungsorientierter FuE-Themen in ihren Häusern gefragt (Abb. 2-53). 85 % aller Institute signalisierten einen hohen bis mittleren Bedarf und übertrafen mit dieser Aussage bei weitem die Resonanz der Biotechnologieunternehmen. Diese Bedarfsäußerung ist auf der einen Seite sofort verständlich, denn dieses Instrument würde die Personaldefizite in der universitären Forschung kostenneutral verringern helfen. Andererseits dürfte es den Universitäten wegen ihrer überwiegenden Grundlagenorientierung nicht leicht fallen, industrienahe Forschung und Entwicklung in höherem Maße als bisher anzugehen. Insofern erscheint die größere Zurückhaltung der Biotechnologieunternehmen verständlich, die möglicherweise Zweifel an den tatsächlichen Realisierungschancen hegen (Abb. 2-54).

Abb. 2-52: Unterschiede in der Bewertung der Kooperationsformen von Universitätsinstituten gegenüber Biotechnologieunternehmen und sonstigen Forschungseinrichtungen (positive Prozentpunkte bedeuten größere Anteile hoher und mittlerer Stellenwerte der Institute)

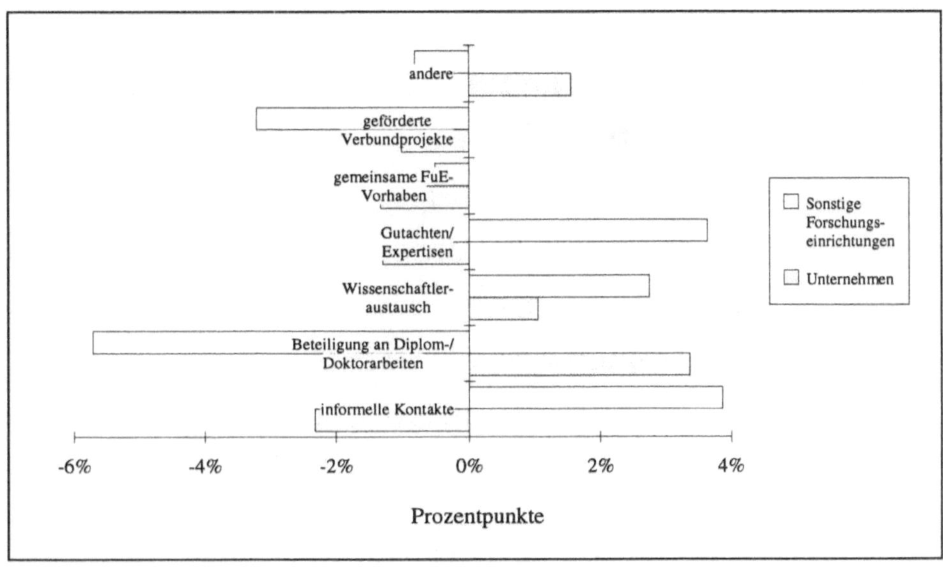

Abb. 2-53: Bedarf an Postdoc-Stellen bei Universitätsinstituten in Baden-Württemberg

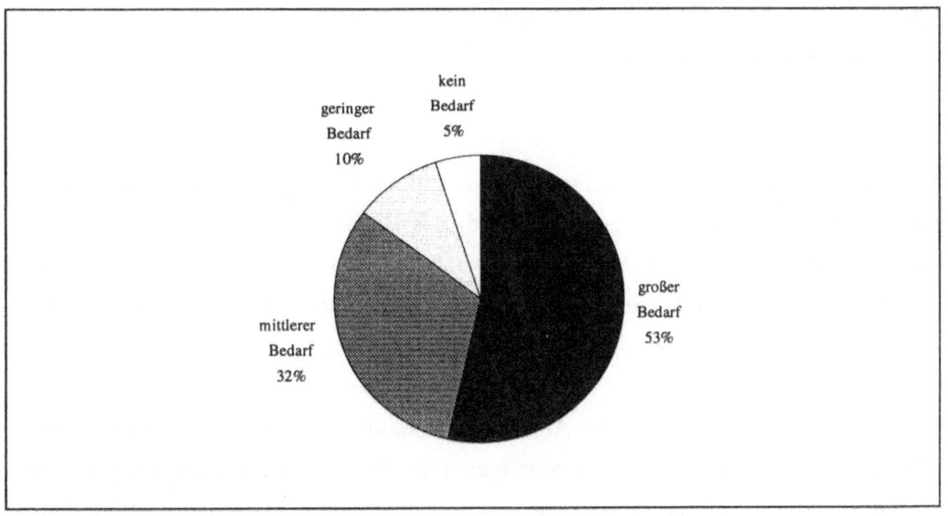

Abb. 2-54:   Unterschiede in der prozentualen Verteilung der Angaben zum Bedarf von Postdoc-Stellen an Universitäten von Universitätsinstituten gegenüber Unternehmen und sonstigen Forschungseinrichtungen (positive Prozentpunkte bedeuten größere Anteile hoher und mittlerer Stellenwerte der Institute)

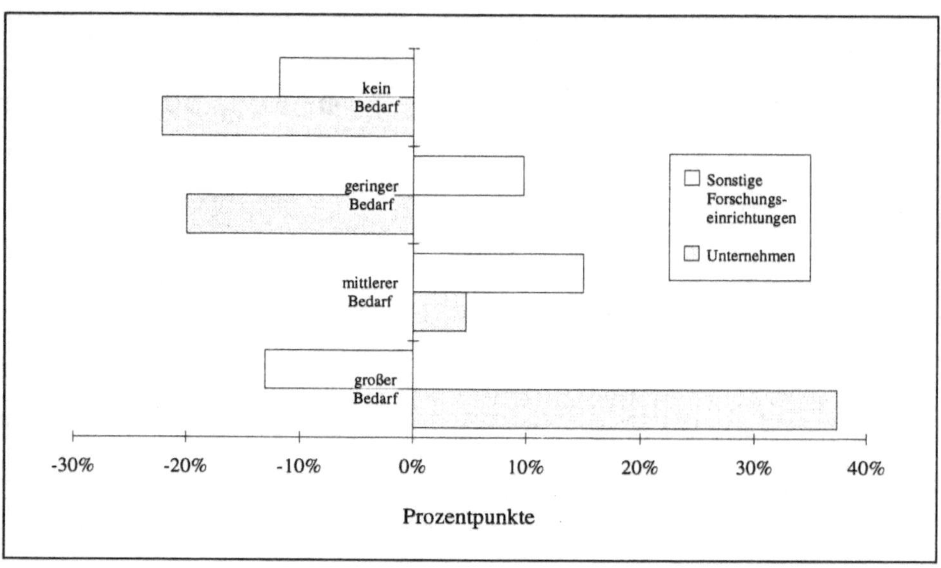

2.3.4   Biotechnologische Aktivitäten in den sonstigen Forschungseinrichtungen

Aus den sonstigen Forschungseinrichtungen gingen nur 10 Rückmeldungen zu insgesamt 22 FuE-Schwerpunkten ein. Auf dieser Basis sind keine statistischen und somit verallgemeinerbaren Auswertungen möglich. Dennoch sollen im folgenden einige interessante Tendenzen aufgezeigt werden, die allerdings mit entsprechender Vorsicht und Zurückhaltung interpretiert werden müssen.

Die Abbildung 2-55 stellt den Anwendungsbezug der biotechnologischen Forschung und Entwicklung in den sonstigen Forschungseinrichtungen Baden-Württembergs dar. Auffallend ist der hohe Anteil der FuE zur Ernährung und Landwirtschaft einschließlich der Forstwirtschaft, die zusammen mehr als 50 % der Anwendungsbereiche ausmachen. Die nächstfolgenden größeren Anwendungsbereiche sind die Medizin (18 %), Umwelt (13 %) und Chemie (11 %).

Abb. 2-55:   Anwendungsgebiete der Forschung und Entwicklung in den sonstigen Forschungseinrichtungen Baden-Württembergs

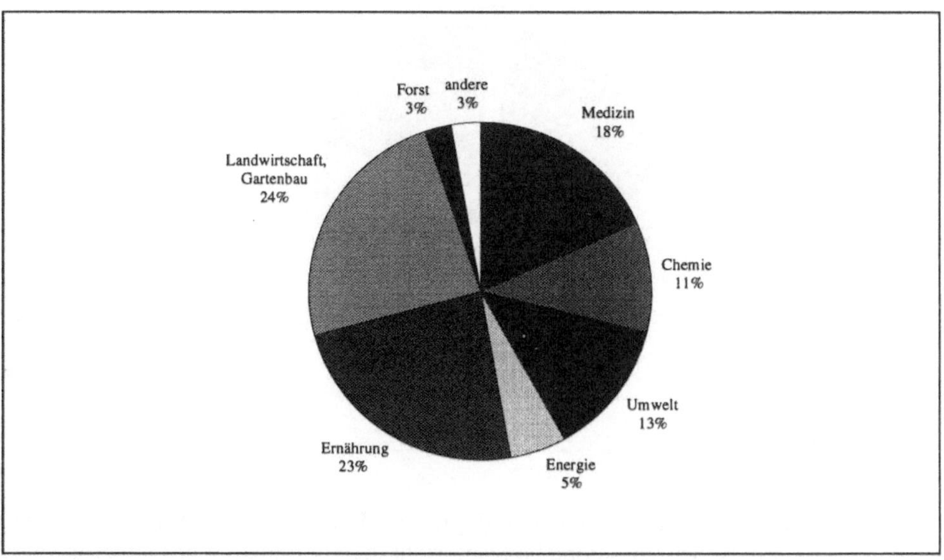

Das Produktspektrum, auf das die Forschung und Entwicklung in den sonstigen Forschungseinrichtungen ausgerichtet ist (Abb. 2-56), ergänzt bzw. bestätigt die Anwendungssektoren. Mit 28 % nehmen Tiere, Pflanzen, Mikroorganismen den gewichtigsten Produktanteil ein. Es folgen Energieträger (15 %) und Geräte, Apparate, Reaktoren als Gruppe mit gleichem Anteil.

Die Verfahrens- und Methodenentwicklung zeigt keine herausragenden Spezialisierungen bzw. Prioritätensetzungen (Abb. 2-57). Einzig die Gentechnik (19 %) und die Analytik (14 %) ragen etwas gegenüber den anderen Kategorien heraus.

Abb. 2-56:   Ausrichtung der biotechnologischen Forschung und Entwicklung in den sonstigen Forschungseinrichtungen Baden-Württembergs auf Produkte

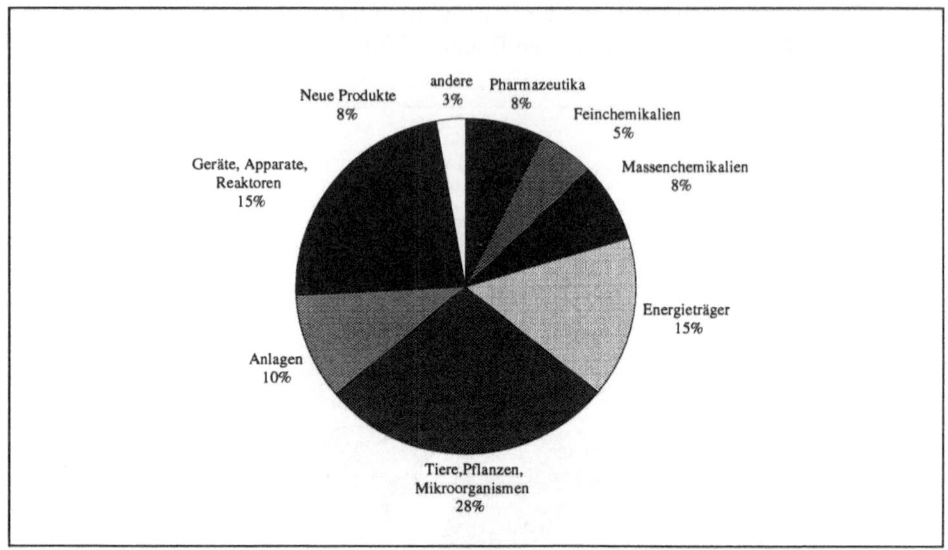

Abb. 2-57:   Ausrichtung der biotechnologischen Forschung und Entwicklung in den sonstigen Forschungseinrichtungen Baden-Württembergs auf Methoden und Verfahren

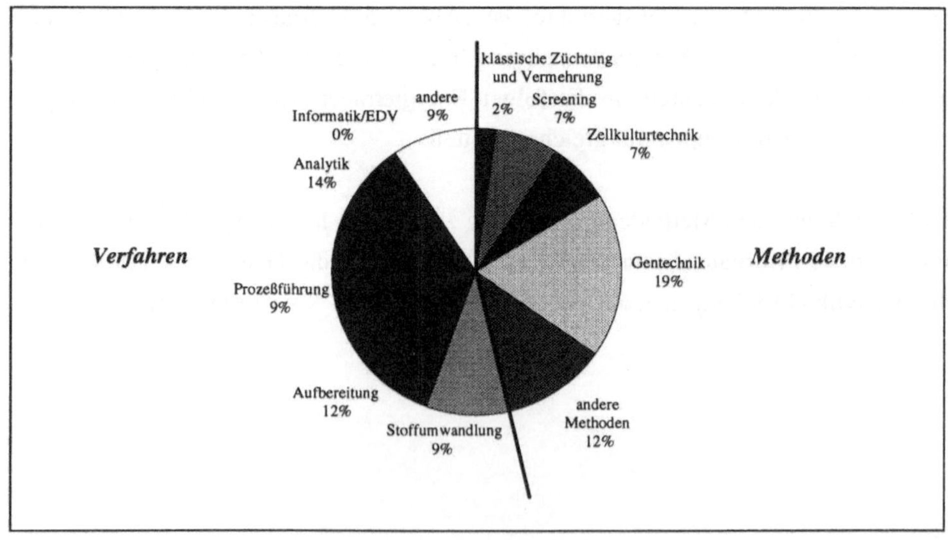

Abb. 2-58: Stadium der Forschung und Entwicklung in den sonstigen Forschungseinrichtungen Baden-Württembergs

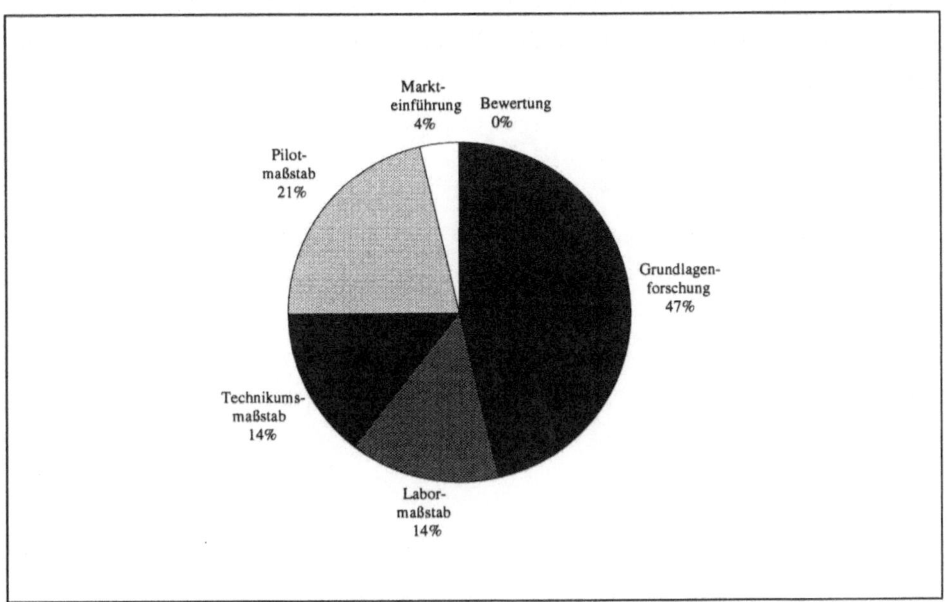

Die Forschungs- und Entwicklungsstadien tendieren in hohem Maße zur Grundlagenforschung hin (Abb. 2-58). Diese Ausrichtung überrascht teilweise, da in dieser Gruppe der sonstigen Einrichtungen über die Hälfte eher anwendungsorientierte Institutionen vertreten sind. Allerdings beziehen sich dennoch ca. 40 % der Nennungen auf Arbeiten im Technikumsmaßstab, im Pilotmaßstab und zur Markteinführung.

Im Hinblick auf das Kooperationsverhalten und den Know-how-Transfer spielt die Lieferung von Know-how eine größere Rolle als die Nutzung - ganz in Analogie zu den Universitätsinstituten, aber im Gegensatz zu den Unternehmen (siehe Tabelle 2-2 und 2-3). Insbesondere spielt die Durchführung von Forschung und Entwicklung im Rahmen von Aufträgen durch Dritte eine herausragende Rolle, die in ca. 60 % der FuE-Schwerpunkte und Einrichtungen genannt wurde. Die informellen Kontakte sind sowohl im Hinblick auf die Nutzung als auch auf die Lieferung von Know-how ein wesentlicher Faktor des Know-how-Transfers.

Für die künftige Weiterentwicklung der Biotechnologie in Baden-Württemberg dürften weniger bestimmte Einzelmaßnahmen entscheidend sein, sondern deren

Einbettung in ein Gesamtkonzept, das von klaren politischen Aussagen zur Bedeutung der Biotechnologie über eine aktive Öffentlichkeitsarbeit, die schon im Bildungssystem ansetzen muß, bis zu integrierten Förderkonzepten reicht. Bausteine für Förderkonzepte, die auch für andere Bundesländer von Relevanz sein können, werden in Kapitel 4 vorgestellt.

3. Ansatzpunkte zur technologiepolitischen Förderung der Biotechnologie

3.1 Strukturelle Merkmale der Biotechnologie

Aus den grundlegenden Merkmalen biotechnologischer Forschung und Entwicklung und den in der vorangegangenen Fallstudie ermittelten Charakteristika der Biotechnologie in Baden-Württemberg lassen sich wesentliche Determinanten für Innovationsaktivitäten in der Biotechnologie ableiten. Aus diesem Gesamtzusammenhang wiederum können Leitlinien für eine (regionale) Technologiepolitik, die die Ausschöpfung der Potentiale der Biotechnologie zum Ziel hat, herausgearbeitet werden.

Die Zusammenhänge zwischen den wesentlichen Technik- bzw. Strukturdeterminanten und Innovationsaktivitäten in der Biotechnologie sind in Abbildung 3-1 dargestellt. Die entscheidenden **Technikdeterminanten der Biotechnologie** sind ihre starke Wissenschaftsabhängigkeit, ihr multidisziplinärer Charakter, ihre modulare Produktionsstruktur sowie die hohe aktuelle Entwicklungsdynamik. Die hohe Wissenschaftsabhängigkeit der Biotechnologie bedeutet, daß sie in besonderem Maße an die wissenschaftliche Forschung gekoppelt und von ihr abhängig ist. Der multidisziplinäre Charakter der Biotechnologie ergibt sich aus den zahlreichen verschiedenen Wissenschaftsdisziplinen, die in die Biotechnologie einfließen sowie aus ihren ebenfalls zahlreichen verschiedenen potentiellen Anwendungsfeldern. Die modulare Produktionsstruktur drückt aus, daß Biotechnologie keine Großtechnik ist, sondern daß biotechnologische Produktion oder Verfahren in kleinen Einheiten (Bioreaktoren) durchgeführt werden können. Komplexere Technikkonstrukte ergeben sich dann aus der Kombination verschiedener kleinerer Module. Eine Konsequenz dieser modularen Struktur ist, daß sich wesentlich größere Verflechtungen und Ankopplungsschnittstellen zu anderen Technikbereichen ergeben, als dies bei einer "Großtechnik" der Fall wäre. Die hohe Dynamik der Technik erfordert einen ständigen Ideennachschub aus der aktuellen Forschung.

Abb. 3-1:   Technik- und Strukturdeterminanten für Innovationsaktivitäten in der Biotechnologie

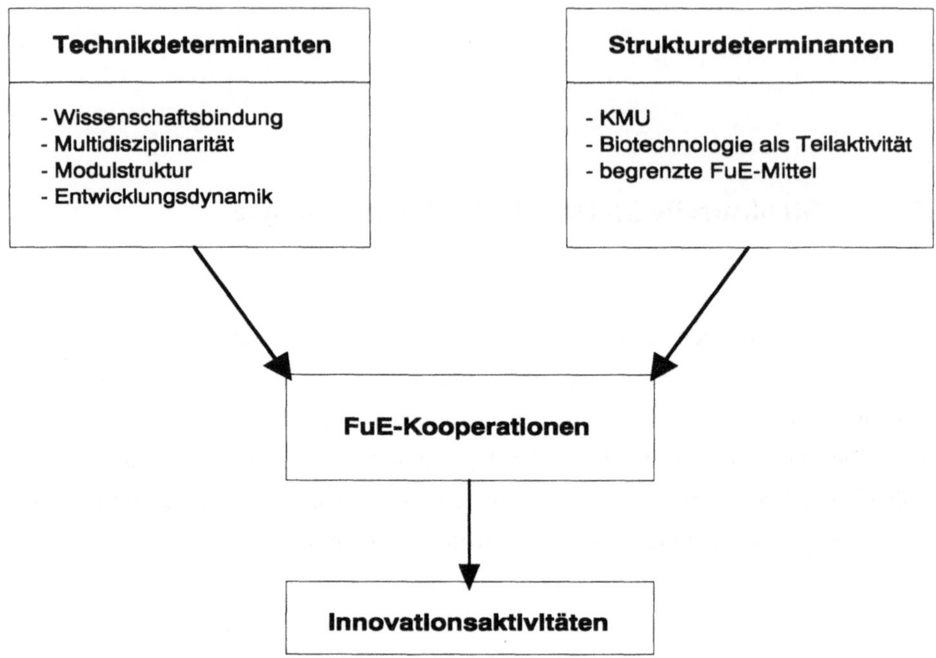

Wesentliche **Strukturdeterminanten** für Innovationsaktivitäten in der Biotechnologie sind die Dominanz von kleinen und mittleren Unternehmen und die Organisation der Biotechnologie in Großunternehmen als kleine Einheiten. Typisch für diese Strukturen ist die begrenzte Verfügbarkeit über eigene FuE-Mittel.

Zwischen den technikimmanenten Bestimmungsfaktoren und den vorhandenen Strukturgegebenheiten existiert ein offensichtlicher Widerspruch: Die Technikerfordernisse könnten von Einzelakteuren praktisch nur durch intensive, weitgefächerte eigene FuE-Aktivitäten erfüllt werden. Dies ist jedoch für die überwiegende Anzahl der Unternehmen aufgrund ihrer Struktur nicht möglich. Dieser Widerspruch kann durch **FuE-Kooperationen** zwischen Unternehmen und Forschungsinstitutionen aufgelöst werden. Wie anhand des Fallbeispiels Baden-Württemberg dargestellt wurde, haben offensichtlich die meisten industriellen Akteure diese

Notwendigkeit erkannt und messen dementsprechend FuE-Kooperationen eine entscheidende Rolle zu. Die Kooperation kann sowohl vertraglich geregelt sein als auf informeller Basis realisiert werden. Zur Vernetzung zwischen wissenschaftlicher Forschung und industrieller Anwendung tragen auch **Unternehmensgründungen** bei, z. B. Spin-off-Gründungen aus Forschungseinrichtungen, beispielsweise in Technologiezentren oder -parks. Zusammenfassend läßt sich somit aus der Analyse der FuE-Strukturen sowie der technikspezifischen Parameter ableiten, daß **FuE-Kooperationen zwischen Unternehmen sowie zwischen Unternehmen und Forschungseinrichtungen eine zentrale Rolle bei der Realisierung von Innovationen in der Biotechnologie zukommt.**

3.2 Optionen für die Technologiepolitik

Mit welchen Maßnahmen kann die Technologiepolitik Innovationsaktivitäten in der Biotechnologie unterstützen? Aus den allgemeinen Strukturmerkmalen der Biotechnologie ergeben sich Rückschlüsse auf Handlungsoptionen, die sich in den nachfolgenden Kernthesen formulieren lassen.

Handlungsoptionen für die Technologiepolitik

1. Initiierung von Innovationsaktivitäten durch öffentliche Nachfrage und die Setzung von Rahmenbedingungen.
2. Bereitstellung und Ausbau der FuE-Basis vor allem im Grundlagenbereich.
3. Zeitgerechte Bereitstellung qualifizierten Personals sowohl im Wissenschaftsbereich als auch zunehmend im technischen Bereich.
4. Aktive Moderation (Vermittlung von Information und Kooperation) zwischen Wissenschaft, Wirtschaft und Gesellschaft.
5. Aufbau und Stärkung regionaler Netzwerke zur Bündelung und effizienten Nutzung regionaler Ressourcen in Forschung und Anwendung.
6. Förderung von Unternehmensgründungen zur Stimulierung der wirtschaftlichen Nutzung biotechnologischer Entwicklungen.

Signale für Innovationen können durch **öffentliche Nachfrage** und die **Neufestsetzung von Rahmenbedingungen** gegeben werden. Hierdurch kann innovativen Unternehmen frühzeitig ein Bedarf nach gewissen innovativen Produkten oder Verfahren vermittelt werden, wenn die entsprechenden Märkte noch klein sind. Diese Rolle der öffentlichen Seite ist besonders im Vorsorgebereich bedeutsam. Hierzu gehört vor allem der Umweltbereich. So kann beispielsweise durch den Einbezug fortgeschrittener biotechnischer Verfahren zur Abwasserreinigung (Phosphoreliminierung, kompakte Hochleistungsverfahren, anaerobe Verfahren) ein deutliches Signal gesetzt werden. Entsprechendes ist denkbar für den Einsatz biotechnischer Analyseverfahren (z. B. Biosensoren oder immunologische Nachweisverfahren) bei der Umweltüberwachung.

Die zweite Option ergibt sich unmittelbar aus der starken Wissenschaftsbindung, der hohen Entwicklungsdynamik sowie der Multidisziplinarität der Biotechnologie. Biotechnologie erfordert ständigen Know-how-Nachschub aus der **Grundlagenforschung**.

Mehr als in anderen Bereichen spielt in der Biotechnologie die rechtzeitige Verfügbarkeit **qualifizierten Personals** eine Rolle. Handlungsoptionen beziehen sich sowohl auf die Aus- und Weiterbildung als auch auf die Standortgestaltung ("weiche Standortfaktoren"), die so attraktiv sein sollte, daß entsprechendes Personal angezogen wird. Bei Maßnahmen zur Ausbildung sind realistische Ausbildungszeiten zu antizipieren.

Die Rolle eines **aktiven Moderators** stellt einen Mittelweg zwischen einer gezielten Steuerung einzelner Innovationen und der weitgehend subsidiären Forschungsförderung dar. Weder eine stark steuernde Funktion der öffentlichen Seite noch eine völlige Zurückhaltung in der Technologiepolitik, die weitgehend auf Steuermechanismen des Marktes vertrauen würde, sind angemessen. Der aktive Moderator muß die folgenden Hauptfunktionen wahrnehmen:
- *Informationsvermittlung*: Dies bedeutet, daß einerseits die Akteure in der Wirtschaft über die Forschungsaktivitäten der außerindustriellen Institutionen informiert sein müssen und daß andererseits die Akteure der (Grundlagen)Forschung Anwendungsvisionen und die hiervon betroffenen Wirtschaftsbereiche und Akteure kennen sollten.

- *Förderung von FuE-Kooperationen*: Wie gezeigt, sind FuE-Kooperationen in der Biotechnologie ein zentrales Element von Innovationsaktivitäten. Die Förderung von Kooperationen kann sowohl indirekt durch Bereitstellung von Informationen (vgl. oben) erfolgen als auch direkt durch gezielte finanzielle Unterstützung von FuE-Kooperationsvorhaben.
- *Vernetzung*: Innovationen in der Biotechnologie erfordern eine zweifache Vernetzung. Die erste Vernetzungsebene vollzieht sich zwischen verschiedenen Technik- bzw. Anwendungsfeldern. Die zweite Ebene ist die Vernetzung zwischen Wissenschaft und technischer Anwendung. Insgesamt ist dieses Netzwerk so komplex, daß nicht zu erwarten ist, daß sie ohne steuernde Eingriffe quasi selbstorganisierend in ausreichendem Maße zustande kommt. Daher ist auch in diesem Punkt die aktive Moderation der Technologiepolitik gefragt.

Die **regionalpolitische Bedeutung** der Biotechnologie ergibt sich aus ihrer Kooperationsintensität. Im Bereich der grundlegenden Entwicklungen und der hier beobachtbaren hohen Internationalität der Wissenschaft spielen regionale Aspekte nur eine untergeordnete Bedeutung. Bei Produkt- und Verfahrensverbesserungen und insbesondere auch bei der industriellen Anwendung der Biotechnik ist die räumliche Nähe zwischen den Akteuren ein nicht zu unterschätzender Standortvorteil. Die Bedeutung von Unternehmensnetzwerken bzw. die Schaffung eines innovativen Milieus wurde in der Literatur mehrfach betont (vgl. Herden 1992; Perrin 1991). Die Notwendigkeit, nicht nur in der Forschung, sondern auch in der Anwendung zwischen den diversen Akteuren zu kooperieren (z. B. biotechnischer Apparatebau mit allen relevanten Anwendern) sowie die enge Verflechtung zwischen biologischer Umwelt und Biotechnik (z. B. im Agrar-, Umwelt- und Ernährungsbereich), prädestinieren die Biotechnologie als Ansatzpunkt für eine auf die Stärkung und Vernetzung regionaler Potentiale ausgerichteten Politik.

Unternehmensgründungen stellen eine Möglichkeit dar, biotechnologische Forschungsergebnisse einer wirtschaftlichen Nutzung zuzuführen. Die Gründung von Technologieunternehmen ist volkswirtschaftlich bedeutsam, da sie

- die Technologieentwicklung, den Technologietransfer und den Innovationswettbewerb unterstützen,
- flexibel, bedarfsorientiert und mit hoher FuE-Produktivität auf die Anforderungen des Marktes reagieren,
- Multiplikatoreffekte für die regionale Entwicklung auslösen,

- innovationsunterstützende Dienstleistungen anbieten und
- einen wichtigen Faktor des Innovationspotentials einer Volkswirtschaft darstellen (vgl. Bräunling 1993).

Aus diesen Gründen stellt auch in der Biotechnologie die Gründung neuer Unternehmen ein wichtiges Bindeglied zwischen den Arbeiten an wissenschaftlichen Forschungseinrichtungen und den volkswirtschaftlichen Erfordernissen zur Einührung neuer Produkte und zur Schaffung von Arbeitsplätzen dar.

Im nachfolgenden Kapitel wird die Ausgestaltung dieser technologiepolitischen Optionen anhand kleiner und junger Unternehmen für die Biotechnologie näher beschrieben.

4. Instrumente und Maßnahmen zur Förderung der Biotechnologie

4.1 Charakteristika und Problemlagen von kleinen Biotechnologieunternehmen

Im Vergleich zu den Vereinigten Staaten sind die Gründungsaktivitäten in der Biotechnologie in Deutschland vergleichsweise gering. Eine wesentliche Ursache hierfür ist, daß anders als in den USA in Deutschland die Biotechnologie keinen spekulativen Bereich für Kapitalanleger darstellt, so daß für entsprechende Engagements an jungen und kleinen Unternehmen durch potentielle Investoren kaum in nennenswertem Umfang Mittel für einen Beteiligungs- bzw. Risikokapitalfonds eingeworben werden können. Während in den USA zumindest bis vor wenigen Jahren ein breites Kapitalangebot zur Investition in Biotechnologieunternehmen zur Verfügung stand (von den sogenannten Business Angels, d. h. reichen Privatinvestoren, über Pensionskassen bis hin zur Börseneinführung kleiner Unternehmen), ist in Deutschland vor allem der Kreditsektor auf dem Beteiligungskapitalmarkt aktiv, der in der Regel risikoreiche Engagements in neue Unternehmen scheut[1]. Dennoch hat auch in Deutschland in den vergangenen Jahren, nicht zuletzt durch den Modellversuch „Beteiligungskapital für junge Technologieunternehmen" des Bundesministeriums für Bildung und Forschung (BMBF), das finanzielle Engagement zur Unterstützung der Gründung und des Aufbaus junger Technologieunternehmen zugenommen. Bis Ende 1992 hatten alle in Deutschland tätigen Beteiligungsgesellschaften insgesamt 232 Mio. DM in Biotechnologieunternehmen investiert. Das entspricht einem Anteil von 4,5 Prozent an der Gesamtsumme aller bis dahin eingegangenen Beteiligungen von 5,1 Mrd. DM (vgl. Anhang 3).

---

[1] Nähere Informationen enthält ein Vergleich des deutschen, britischen und amerikanischen Beteiligungskapitalmarktes in Anhang 3 dieses Buches.

Die Merkmale von (kleinen und mittleren) Biotechnologieunternehmen werden in entscheidendem Maße durch den besonderen Charakter der Biotechnologie bestimmt. Sie basiert wissenschaftlich auf der Biologie, ist jedoch in hohem Maße ebenso von der Chemie und der Physik bestimmt. Als technische Disziplinen sind die Verfahrenstechnik, Prozeßtechnik und Computerwissenschaft wesentlich. Durch die Querschnittshaftigkeit der Biotechnologie sind aber eine Vielzahl von weiteren Wissenschaften und Ingenieurtechniken in den Anwendungsbereichen berührt. Diese **Interdisziplinarität der neuen Biotechnologie** wirkt sich besonders erschwerend auf die Forschungs- und Entwicklungsaktivitäten kleiner und mittlerer Unternehmen aus, die nur sehr begrenzt wissenschaftliches Personal vorhalten können.

Kleine und mittlere Biotechnologieunternehmen sind deshalb in der Regel kooperationsfreudig und offener im Hinblick auf sensible Geschäftsbereiche wie Forschung und Entwicklung als andere innovierende Unternehmen. Dennoch bereitet es gerade wegen der langen Produktvorlaufzeiten Probleme, einerseits Kapital für das Innovationsvorhaben zu akquirieren, andererseits das Vorhaben bereits zu Beginn so durchzuplanen, daß nicht nur die Voraussetzungen für das Scaling-up und die Produktion geschaffen werden, sondern auch die Markteinführung (Vertriebskooperationen, Erschließung neuer Absatzmärkte) gesichert ist. Diese sogenannten **Schnittstellenübergänge im Innovationsprozeß** stellen einen wichtigen Problemfaktor in der Tätigkeit gerade junger und kleiner Unternehmen dar.

Betrachtet man ein Innovationsprojekt für ein junges Unternehmen, dann weist dieses typischerweise die in Tabelle 4-1 dargestellte zeitliche Struktur seiner Investitionen für das Innovationsprojekt auf. Es kann dabei zu deutlichen Überlappungen der einzelnen Phasen kommen. Die Tabelle zeigt auch die typischen Aktivitäten in vier Stadien des Innovationsprozesses. In einzelnen Bereichen der Biotechnologie sind die angegebenen Zeitbedarfe wesentlich höher, insbesondere in den Innovationsphasen "FuE" und "Markteinführung". Die Neuentwicklung von Produkten oder Verfahren kann fünf bis zehn Jahre, die Markteinführung bis zur Durchsetzung am Markt sieben bis zehn Jahre dauern, mit entsprechenden Implikationen auf den Kapital- und Planungsbedarf solcher Unternehmen.

Besondere **Risiken und Unsicherheiten von Innovationsvorhaben** von kleinen oder jungen Unternehmen aus dem Biotechnologiebereich sind:

- langwierige Forschungs- und Entwicklungsarbeiten,
- technische Realisierung im Labormaßstab,
- Scaling-up und die Umsetzung in marktreife Produkte,
- Errichtung der Produktionsanlagen,
- Tests zum Nachweis der Funktionsfähigkeit in der Einsatzumgebung,
- Nachweis der Wirksamkeit und Unbedenklichkeit (z. B. bei Arzneimitteln),
- Zeitbedarf und Ausgang staatlicher Zulassungsverfahren,
- Dynamik der Marktveränderungen,
- Marktakzeptanz bei und Kaufverhalten von potentiellen Anwendern,
- Konkurrenzentwicklungen,
- Abwehrreaktionen von Wettbewerbern,
- Chancen zur Schaffung einer (zumindest temporär) sicheren Marktposition,
- die organisatorische Bewältigung des Unternehmensaufbaus,
- Schaffung und Erhalt der technischen Basis und des Marketing-Know-hows,
- Management- und Führungsfähigkeiten der Gründer,
- Chancen für eine langfristige Stabilisierung des neuen Unternehmens,
- konjunkturelle Einflüsse.

Diese Risiken bestehen sowohl in zeitlicher Hinsicht, in bezug auf die Kosten und auf das Auftreten anderer technischer Entwicklungen. Bei einer Neugründung ist der Unternehmenserfolg eng an den Erfolg eines einzigen (größeren) Innovationsprojekts geknüpft. Ein bereits bestehendes Unternehmen dagegen finanziert solche Vorhaben nicht projektspezifisch über den Kapitalmarkt, sondern verfügt über einen "Schirm", der die Generierung von Innovationen als Bestandteil des innerbetrieblichen Allokationsprozesses gewährleistet. Aus diesen Gründen stellt die Kapitalbeschaffung für bestehende Unternehmen mit mehreren Produktstandbeinen wesentlich geringere Probleme als für gänzlich neue Unternehmen dar.

Tab. 4-1:   Zeitliche Struktur der Investitionen für das Innovationsprojekt eines jungen Technologieunternehmens

Innovationsphase	Aktivitätsschwerpunkte	Relation von Auszahlungen und Einzahlungen	typischer Zeitbedarf
Konzepterstellung	o Definition des technischen Zielkatalogs, o Eruierung der Kundenanforderungen, o Bewertung der Marktattraktivität und der Wettbewerbssituation, o Skizzierung des technischen Konzepts und der Entwicklungsschritte o Abschätzung des Finanzierungsbedarfs, o Akquisition von Fremd- und Eigenkapital, o Festlegung der Strategien insbes. im Marketing und Vertrieb	geringe Auszahlungen: insbesondere unter Nutzung aller Möglichkeiten einer Externalisierung dieser frühen Kosten keine Einzahlungen	0,5 bis ein Jahr
FuE	o Entwicklungsarbeiten für innovative Produkte oder Verfahren o Auf- oder Ausbau des Entwicklungsteams o Kooperationen im FuE-Bereich o laufende Marktbeobachtung o Knüpfen oder Intensivierung von Kontakten zu Marktpartnern	hohe Auszahlungen: Größenordnung von einer bis mehreren Mio. DM je nach Projekt und verfügbaren Ressourcen/Erfahrungen aus vorangegenen Entwicklungsprojekten keine oder nur geringe Einzahlungen aus diesem Projekt bei Vermarktung von Teilergebnissen hoher Nettokapitalbedarf	zwei bis fünf Jahre

Fortsetzung von Tabelle 4-1:

Innovationsphase	Aktivitätsschwerpunkte	Relation von Auszahlungen und Einzahlungen	typischer Zeitbedarf
Markteinführung	o Maßnahmen zum Bekanntmachen des neuen Produkts oder Verfahrens (Messepräsentationen, Demonstrationen, Direct-Mail-Aktionen u.ä.) o Vertragsabschlüsse mit Vertriebspartnern, Zulieferern oder Unterauftragnehmern in der Produktion o Aufbau oder Erweiterung des Vertriebssystems (Einstellung oder Qualifikation von Mitarbeitern, Errichtung von Vertriebsniederlassungen u.ä.) o Zulassungsverfahren o Testeinsätze bei potentiellen Kunden o Aufbau von Fertigungskapazitäten	hohe Auszahlungen: Größenordnung zumindest wie in der FuE-Phase, teilweise ein Vielfaches davon Einzahlungen: erste Rückflüsse vom Markt hoher Nettokapitalbedarf	ein bis fünf Jahre
Marktdiffusion und Wachstum	o weiterer Ausbau des Vertriebssystems (vor allem für Auslandsmärkte), o Ausbau des (Stamm-) Kundengeschäfts o ggf. Errichtung der Produktionsanlagen für eine (großtechnische) Herstellung der Neuentwicklung o Weiterentwicklung der Produktpalette für zusätzliche Anwendungsfelder/Kundengruppen o Produktpflege	Auszahlungen: je nach Umfang der Investitionen für die Produktionsausdehnung zunächst noch hoch, danach deutlich abnehmend Einzahlungen: hoch bei entsprechendem Markterfolg Nettokapitalbedarf: deutlich negativ, d. h. Gewinnerzielung, keine externe Kapitalzufuhr erforderlich	vier bis zehn Jahre

Die Gründer junger Technologieunternehmen (JTU) verfügen meist nicht über die finanziellen Ressourcen zur Deckung eines nennenswerten Teil des Innovationsaufwandes. Sie müssen Kapital in erheblichem Umfang einwerben. Kapitalquellen sind öffentliche Fördermittel (Zuschüsse, zinsgünstige Darlehen), Beteiligungs- und Fremdkapital. Wenn sie die Finanzierungsmittel nicht akquirieren können, bestehen nur beschränkte Möglichkeiten zur zeitlichen Streckung oder Reduzierung des Kapitalbedarfs, da sie ansonsten die Innovatorenrente nicht realisieren können, ihr Produkt oder Verfahren später als Konkurrenten auf dem Markt anbieten oder auch bei der Markteinführung gänzlich scheitern.

Junge und kleine Biotechnologieunternehmen weisen typischerweise **Merkmale** auf, die sie von anderen Unternehmen unterscheiden und die für spezifische Problemlagen verantwortlich sind:

– Sie zielen mit ihren innovativen Produkten oder Verfahren z.T. auf sich erst entwickelnde Märkte mit entsprechenden Unsicherheiten bezüglich des tatsächlichen Marktvolumens und dem Zeitraum seiner Expansion ab. Daher bestehen nicht nur Unsicherheiten, ob das Unternehmen selbst seine Planungen realisieren kann (interne Erfolgsfaktoren), sondern auch, inwieweit die diesen Planungen zugrunde liegenden Marktentwicklungen auch tatsächlich eintreten (externe Erfolgsfaktoren).

– Für einen Teil der Biotechnologieunternehmen erfolgt eine Reglementierung des Marktzutritts durch staatliche Vorschriften, Zulassungsverfahren u.ä., die sich in einer langen Markteintrittsphase niederschlagen. Für einen Beteiligungsgeber, der von vorneherein sein Engagement zeitlich limitiert und erst durch das Desinvestment Renditen erzielt, begrenzen lange Markteintrittsphasen die Renditechancen. Auch tragen einzelne Förderprogramme diesem langen Markteintrittszeitraum nicht Rechnung.

– Auf den Märkten für Biotechnologieunternehmen treten häufig öffentliche Institutionen als Nachfrager auf, die oft konservativ-zurückhaltend gegenüber neuen und kleinen Anbietern agieren (erhebliche Imageprobleme). Auch daraus resultieren Markteintrittsbarrieren. Ferner sind Kaufabschlüsse von der Finanzlage und Budgetrestriktionen solcher Abnehmer abhängig. Formalisierte Ausschreibungsverfahren, die in der Anfangszeit der Vermarktung bei fehlender Erfahrung der Gründer/Unternehmen in diesem Segment zu hohen Kosten oder Reibungsverlusten führen können, stellen weitere Eintrittshürden dar.

– Der Modellversuch "Förderung technologieorientierter Unternehmensgründungen" (TOU) des ehemaligen Bundesministeriums für Forschung und Technologie hat gezeigt, daß die Gründer von Unternehmen im Biotechnologiebereich im Vergleich zu technologieorientierten Neugründungen generell weniger häufig vor dem Schritt in die Selbständigkeit in einem Unternehmen tätig waren und selten über kaufmännisches Know-how verfügten (vgl. Tab. 4-2) sowie unterdurchschnittlich oft Marketingerfahrungen aufwiesen. Sie verfügen jedoch vielfach über ein sehr gutes Kontaktnetz zur "Science Community" und den dortigen möglichen Abnehmern, aber weniger zu industriellen Nachfragern mit häufig weit größerem Abnahmepotential. Eine ausgeprägte Wachstumsorientierung ist ohnehin bei den Gründern der geförderten jungen Technologieunternehmen selten zu finden (Kulicke u.a. 1993: 36ff.)

– Defizite von Gründern im kaufmännischen Gebiet und im Marketingbereich implizieren hohe Anforderungen an die Managementunterstützung, z. B. durch einen Kapitalgeber, zumindest in den ersten Jahren nach dem Eingehen einer Beteiligung. Beteiligungsgesellschaften, die die Kapitalbereitstellung nicht mit einer aktiven Managementunterstützung verbinden, sind in der Aufbauphase aufgrund des Beratungsbedarfs wenig geeignete Kapitalgeber für expandierende Biotechnologieunternehmen.

– Eine Reihe von im Modellversuch TOU geförderten jungen Technologieunternehmen - auch im Bereich der Biotechnologie - entwickelten innovative Produkte oder Verfahren, die auf potentiell große Absatzmärkte hätten abzielen können, die aber vielfach von den Gründern/Unternehmern nicht angestrebt wurden, da die Chancen eines erfolgreichen Markteinstiegs und vor allem einer längerfristigen Marktetablierung aufgrund der verfügbaren Ressourcen (Kapital, Personal) als zu gering eingestuft wurden. Sie verfolgten daher die Strategie, sich in kleineren, aus Sicht des Unternehmens ebenfalls lukrativen Nischenmärkten zu etablieren. Auch diese, unter den gegebenen Ressourcenrestriktionen durchaus sinnvolle Beschränkung der Gründer reduziert die Attraktivität von jungen Technologieunternehmen für renditeorientierte Beteiligungsgeber.

Tab. 4-2:   Gründermerkmale von geförderten jungen Technologieunternehmen (JTU) im Modellversuch TOU[2]

Gründermerkmale	Biotechnologieunternehmen	alle 333 geförderten JTU
institutionelle Herkunft:		
o Hochschulinstitut/Forschungseinrichtung	41 %	21 %
o (Industrie- oder Dienstleistungs-) Unternehmen	22 %	44 %
o eigenes Unternehmen/freiberuflich	9 %	18 %
o direkt nach dem Studium	5 %	2 %
o Kombination Unternehmen und Hochschulinstitut/Forschungseinrichtung	-	2 %
o Kombination Unternehmen und selbständige Tätigkeit	5 %	5 %
o sonstiges und sonstige Kombinationen	18 %	8 %
formaler Ausbildungsabschluß:		
o technischer Abschluß	11 %	65 %
o naturwissenschaftlicher Abschluß	83 %	32 %
o kaufmännisch/betriebswirtschaftlicher Abschluß	-	12 %
o sonstiges	6 %	4 %
höchster Ausbildungsabschluß:		
o Promotion und Habilitation	77 %	32 %
o Diplom	9 %	34 %
o FH-Abschluß u.ä.	9 %	17 %
o Lehre/Technikerausbildung	6 %	12 %
o (noch) ohne Abschluß	-	3 %
Unternehmenserfahrung in abhängiger Beschäftigung generell	44 %	69 %
Werdegang der einzelnen Gründer:		
o nur Tätigkeit an Hochschulinstitut/Forschungseinrichtung	30 %	16 %
o zunächst Hochschulinstitut/Forschungseinrichtung, dann in einem Unternehmen	39 %	15 %
o nur Tätigkeit in einem Unternehmen/eigenes Unternehmen/Kombinationen daraus	24 %	42 %
o sonstiges	6 %	27 %

---

2   Quelle: Kulicke u.a. 1993: 33 und eigene Auswertungen.

– Wegen des Querschnittcharakters der Biotechnologie sind nicht nur Kooperationen mit unterschiedlichen Partnern im Innovationsprozeß erforderlich, sondern müssen auch Mitarbeiter mit verschiedenen Qualifikationen zu unterschiedlichen Zeitpunkten eingesetzt werden. Um diese auslasten zu können, werden entweder mehrere Entwicklungsvorhaben parallel betrieben oder aber (im Regelfall) weitere geschäftliche Standbeine eröffnet. Oftmals sind dies Vertriebs-, Beratungs- oder Engineeringaktivitäten in den Anwendungsbereichen des unternehmensbezogenen Biotechnologieschwerpunkts.

Die bisherigen Ausführungen gingen der Frage nach, inwieweit sich Biotechnologieunternehmen von anderen kleinen und mittleren Unternehmen unterscheiden. An dieser Stelle ist jedoch darauf hinzuweisen, daß kleine und mittlere Biotechnologieunternehmen in vieler Hinsicht die Merkmale und Probleme aller KMU teilen. Somit ordnen sie sich grundsätzlich in das technologie- und wirtschaftspolitische Förderkonzept für KMU ein, bedürfen aber vor dem Hintergrund der dargestellten Spezifika der Biotechnologie eines auf ihre Erfordernisse angepaßten Förderinstrumentariums.

Nachfolgend werden technologiepolitische Fördermaßnahmen vorgeschlagen, die an einzelnen Engpaßfaktoren von Biotechnologieunternehmen ansetzen. Dazu gehören (Koschatzky 1994):

- Aufgrund einer langen Markteintritts- und Marktetablierungsdauer langer Zeitraum, bis Desinvestments möglich sind.
- Hohes Risiko bezüglich des Unternehmenserfolges aufgrund hoher Veränderungsdynamik der Absatzmärkte.
- Reglementierungen des Marktzutritts durch staatliche Vorschriften und Ausschreibungsverfahren.
- Hoher Bedarf an Managementunterstützung bei jungen Biotechnologieunternehmen.
- Beschränktes Angebot an risikotragendem Kapital.
- Enge Kopplung zwischen Grundlagenforschung und anwendungsorientierter Forschung durch Wissenschaftsbasierung der Biotechnologie.
- Spezifischer Kooperations- und Finanzierungsbedarf je nach Innovationsphase.
- Vermarktung (Erschließung neuer Absatzmärkte) schwierig bzw. zu wenig beachtet.

4.2 Technologiepolitische Maßnahmen zur Förderung eines grösseren Angebots an Beteiligungskapital für kleine und neue Biotechnologieunternehmen

4.2.1 Überblick

Der erste Maßnahmenvorschlag setzt an dem beschränkten Angebot an risikotragendem Kapital in Deutschland und am hohen Bedarf einer Managementunterstützung für junge Biotechnologieunternehmen an. Um eine Stärkung und Verbreiterung der industriellen Aktivitäten in der deutschen Biotechnologie zu erreichen, haben Fördermaßnahmen bezogen auf Beteiligungskapital folgende Ziele:

1. Stimulierung von und Kapitalbereitstellung für ambitionierte Neugründungen sowie
2. Kapitalbereitstellung an bestehende Biotechnologieunternehmen zur Durchführung und erfolgreichen Vermarktung von Sprunginnovationen.

Zur Zielerreichung erscheinen Fördermaßnahmen erforderlich, die die Neugründung von Beteiligungsgesellschaften mit einem Schwerpunkt in der Frühphasenfinanzierung von Biotechnologieunternehmen beinhalten, als auch Maßnahmen, die bestehende Beteiligungsgesellschaften dazu stimulieren, sich stärker an (bestehenden) Biotechnologieunternehmen zu engagieren. Beide Maßnahmenbereiche können nicht isoliert voneinander gesehen werden und stellen keine Alternativen dar. Gerade weil der Besatz an innovierenden Biotechnologieunternehmen in Deutschland im internationalen Vergleich noch als gering einzustufen ist (vgl. Anhang 3), müssen die Förderaktivitäten darauf abzielen, die industrielle Basis in diesem Bereich zu verbreitern. Da man davon ausgehen kann, daß kein entsprechendes Ansiedlungspotential besteht, kann dieses Ziel nur durch **Stimulierung von Neugründungen** erreicht werden. Auf der anderen Seite muß es aber auch Ziel sein, das endogene, bestehende Potential an Biotechnologieunternehmen zu fördern, damit existie-

Unternehmen in die Lage versetzt werden, Sprunginnovationen mit hohem Wachstumspotential durchzuführen.

Folgende **Ansatzpunkte für Fördermaßnahmen** werden nachfolgend in bezug auf ihre Ausgestaltung, ihre möglichen Wirkungen auf den Begünstigtenkreis und die finanziellen Implikationen für den Fördergeber dargestellt. Der politische Adressat der Vorschläge sind die einzelnen deutschen Bundesländer; sie enthalten aber auch Elemente für eine spezielle Biotechnologieförderung der Bundesregierung.

1. Neugründung spezieller Biotechnologiefonds;
2. Fördermaßnahmen bezogen auf bestehende Beteiligungsgesellschaften bzw. -geber:
   2.1 Risikoabsicherung in den ersten Jahren nach Beteiligungsabschluß durch eine Auffallübernahme des Landes oder des Bundes;
   2.2 Zuschüsse oder zinsgünstige Darlehen an Biotechnologieunternehmen, die an die Aufnahme von Beteiligungskapital gebunden sind;
   2.3 Zeitlich befristete Subventionierung der Betreuungsaufwendungen von Beteiligungsgesellschaften für Engagements an Biotechnologieunternehmen.

Der Kreis möglicher Beteiligungskapitalgeber sollte nicht zu eng gefaßt werden und auch Privatinvestoren und Unternehmen einschließen, sofern dadurch die wirtschaftliche Selbständigkeit der Biotechnologieunternehmen sichergestellt ist. Bei Unternehmen als Beteiligungsgebern besteht die Möglichkeit, daß sie branchenspezifisches Know-how, Marktkontakte und auch ihr eigenes Vertriebsnetz einbringen. Auf diesem Wege erhält der Beteiligungsnehmer eine wichtige Hilfestellung gerade bei der schwierigen Markteinführung und -etablierung.

4.2.2 Neugründung spezieller Biotechnologiefonds auf Initiative einzelner Bundesländer

4.2.2.1 Aktivitätsschwerpunkte der Biotechnologiefonds

In Deutschland existiert gegenwärtig keine Beteiligungsgesellschaft mit Schwerpunkt im Bereich Biotechnologie und speziellem Beratungs-Know-how. Eine entsprechende Erweiterung der Beteiligungspolitik bestehender Kapitalbeteiligungsgesellschaften ist eher unwahrscheinlich. Dieses Defizit könnte durch die Gründung spezieller Biotechnologiefonds auf Bundesländerebene verringert werden.

Ihre wesentliche **Aufgabe** besteht in der Stimulierung von Neugründungen durch Identifikation geeigneter Innovationsvorhaben (im universitären und außeruniversitären Bereich sowie in der industriellen Forschung) für Neugründungen und durch Kapitalbereitstellung zur Finanzierung der ersten Stadien in der Entwicklung eines Biotechnologieunternehmens. Dabei wäre eine Fokussierung der Aktivitäten auf ein Bundesland genauso denkbar wie eine gemeinsame Aktion mehrerer Bundesländer. Die Anschubfinanzierung senkt die persönlichen (finanziellen) Risiken von Gründern, die (Management-) Unterstützung durch das Beteiligungsmanagement ermöglicht ihnen die Erstellung eines tragfähigen Unternehmenskonzepts. Die neuen Fonds müssen auch eine aktive Rolle beim Schnüren von Finanzierungspaketen spielen, zunächst zur Sicherstellung der Anfangsfinanzierung, aber auch in weiteren, typischerweise bei wachsenden Unternehmen erforderlichen Finanzierungsrunden. Ein besonderer Stellenwert nimmt auch die Beratung der Portfoliounternehmen in allen strategischen (besonders nicht-technischen) Fragen während der Laufzeit der Beteiligung ein, beim Unternehmensaufbau und bei der Markterschließung. Das Angebot des Fonds läßt sich am besten durch **"Managementunterstützung plus Kapitalbereitstellung"** charakterisieren.

Die von diesen Fonds einzugehenden Beteiligungen sollten zumindest alle Aktivitäten bis zum Nachweis der technischen Machbarkeit und Marktfähigkeit des Entwicklungsprojekts finanzieren. Gerade die Finanzierung dieses Entwicklungsstadiums eines jungen Technologieunternehmens scheuen bestehende Beteiligungsgesellschaften. Weitere (Risiko-) Kapitalgeber können dann die eigentliche, d. h. vom Volumen her umfangreiche Projektfinanzierung übernehmen. Aus Renditegründen erscheint es jedoch erforderlich, daß die Fonds auch nach einer Anschubfinanzierung ihr finanzielles Engagement ausweiten, um am späteren Erfolg des Beteiligungsnehmers entsprechend partizipieren zu können.

Bezogen auf die einzelnen Stadien in der Entwicklung eines Technologieunternehmens dient somit das von den Fonds bereitgestellte Risikokapital der Finanzierung der Vorgründungsphase, der Produkt- und Verfahrensentwicklung, der Markt- und Produktionsvorbereitung und des Markteinstiegs.

4.2.2.2 Ausgestaltungsformen

Unabhängig von der Ausgestaltungsform sprechen eine Reihe von Gründen dafür, daß die Fonds *renditeorientiert* arbeiten sollten. Hohe Renditemöglichkeiten bieten nur direkte Beteiligungen am Gesellschaftskapital eines Beteiligungsnehmers. Wenn der Erfolg einer Beteiligungsgesellschaft unmittelbar vom Erfolg ihrer Portfoliounternehmen abhängt, bestehen auch starke Anreize für eine Beratung der Beteiligungsnehmer. Da über die Fonds auch eine Unterstützung des bisherigen Managements in strategischen Fragen erfolgen soll, bieten ohnehin nur direkte Beteiligungen entsprechende Einflußmöglichkeiten auf die Geschäftspolitik eines Portfoliounternehmens. Die Renditeorientierung stellt für potentielle Investoren der Fonds entsprechende Anreize zur Kapitalbereitstellung dar.

Es sind prinzipiell **zwei Ausgestaltungsformen eines Fonds** möglich:
1. generell neue (Fonds- und Management-) Gesellschaft mit Schwerpunkt im Biotechnologiebereich oder
2. neuer Fonds, der von einer bestehenden Managementgesellschaft verwaltet wird.

Die erstgenannte Alternative bedeutet, daß die Investoren oder Initiatoren der Fonds ein **Managementteam** zusammenstellen müssen, das neben *fundierten Branchen-*

oder technischen Kenntnissen vor allem *Zugang zu dem Marktnetzwerk* hat, das für jede Industrie oder Technologie besteht. Idealtypischerweise sollte das Team Kontakte zu den Schlüsselabnehmern in den Märkten, zu den technisch führenden Forschungseinrichtungen, zu qualifizierten Absatzmittlern im Ausland, zu Zulieferern für spezielle Bauteile u.ä. besitzen. Da dies in der Realität wohl nur in Ausnahmefällen gegeben ist, muß das Management zumindest in der Lage sein, über die Einschaltung Dritter solche Kontakte aufzubauen. Hierbei spielt auch eine große Rolle, inwieweit das regionale Netzwerk an innovationsorientierten Dienstleistungen zur Lösung solcher Fragen genutzt werden kann, da dies zu einer erheblichen Reduktion der Informationsbeschaffungskosten beiträgt. Wichtig ist in dem Zusammenhang auch, daß das Management des Beteiligungsnehmers frühzeitig Zugang zu diesem Marktnetzwerk erhält.

Der Nachteil der Alternative 1 liegt darin, daß der Aufbau eines effektiv arbeitenden Fondsmanagements zeitintensiv und unter Umständen auch kostenintensiv ist. Zudem können in der Anfangsphase Probleme der Kapazitätsauslastung auftreten, da eine Mindestgröße von zwei Beteiligungsmanagern gegeben sein, andererseits der Deal flow erst generiert werden muß. Ferner stellt sich die Frage, ob geeignete Manager kurzfristig gefunden werden können.

Die zweitgenannte Alternative (Neugründung eines Fonds, der von einer bestehenden Managementgesellschaft verwaltet wird) weist zunächst einige Vorteile auf. Die Leistungsfähigkeit der Managementgesellschaft läßt sich durch ihre bisherige Tätigkeit besser bewerten als die der Beteiligungsmanager einer gänzlich neuen Gesellschaft. Sie haben auch ein entsprechendes Netzwerk zu anderen Beteiligungsgesellschaften, mit denen sie über Co-Venturings kooperieren können. Vor allem entsteht ein nur geringer zeitlicher und kostenmäßiger Aufwand für den Aufbau des Geschäftsbetriebs.

Das **Problem** könnte jedoch in der **Identifikation einer qualifizierten Managementgesellschaft** bestehen, die über das erforderliche Know-how für Engagements im Biotechnologiebereich verfügt und in der Frage, ob der Verwaltung des neuen Fonds, d. h. dem Investment und der Betreuung der Portfoliounternehmen, ein hoher Stellenwert beigemessen wird. Eine Lösung besteht in der Kombination eines Senior Consultants einer bestehenden Managementgesellschaft mit einem industrieerfahrenen Partner mit Ausbildung und Berufstätigkeit in Bereichen der Biotechnologie, d. h. in der Erweiterung der Managementkapazität einer bestehenden Beteiligungsgesellschaft um einen Biotechnologie-Experten mit umfangreichen Marktkenntnissen und -kontakten. Im idealtypischen Fall hat letzterer bereits selbst ein Biotechnologieunternehmen gegründet und aufgebaut und ist dort aus der aktiven Geschäftsleitung wieder ausgeschieden.

Es wäre auch denkbar, daß der Fonds nicht von einer einzigen Gesellschaft investiert, sondern im Sinne eines Wettbewerbs die Fondsmittel von zwei oder drei verschiedenen Gesellschaften in neugegründeten Biotechnologieunternehmen angelegt werden. Aufgrund des zumindest mittelfristig niedrigen Nachfragepotentials innerhalb eines einzelnen Bundeslandes erscheint jedoch eine Begrenzung auf zwei Beteiligungsgeber als sinnvoll.

4.2.2.3 Anforderungen an das Beteiligungsmanagement

Unabhängig davon, ob Alternative 1 oder 2 gewählt wird, kann der Fonds weitgehend nicht davon ausgehen, daß vielversprechende kapitalsuchende Technologieunternehmen ausgereifte Unternehmenskonzepte vorlegen, die die Basis für die Auswahl darstellen. Das heißt, eine wesentliche **Aufgabe des Fonds** besteht darin, in Zusammenarbeit mit den Eigentümern oder Gründern dieser Unternehmen ein tragfähiges Unternehmenskonzept auszuarbeiten, die Geschäftsrisiken zu identifizieren und erfolgsversprechende Strategien zu entwickeln. Bei der *Ausarbeitung des Unternehmenskonzepts* sind vielfältige Kenntnisse oder Erfahrungen auf technischer und vor allem auf Marketing- und Vertriebsseite notwendig. In beiden Bereichen stehen weniger operative Fragen im Vordergrund, sondern Kenntnisse bezüglich der relevanten Marktstrukturen, von Marktpartnern oder technischen Know-how-Quellen.

Die *Beteiligungsprüfung* erfolgt primär durch die Beteiligungsmanager, die hierzu ihr informelles Netzwerk nutzen. Da auch Beteiligungsmanager mit Know-how im Bereich der Biotechnologie nicht alle technischen und marktbezogenen Fragen abdecken können, ist für die Bewertung eines kapitalnachfragenden Unternehmens das Einschalten eines externen technischen Experten (an einem Forschungsinstitut, einer Hochschule u.ä.) erforderlich, der diese Aspekte begutachtet. Gerade unter diesem Gesichtspunkt ist es daher unabdingbar, daß die Beteiligungsmanager frühzeitig enge Kontakte zu universitären oder außeruniversitären Forschungseinrichtungen aufbauen können bzw. idealerweise solche Kontakte bereits mit einbringen.

Die *Betreuung der Portfoliounternehmen* erfolgt überwiegend durch die Beteiligungsmanager im Rahmen von telefonischen Kontakten, persönlichen Treffen oder Teilnahme an wichtigen Ereignissen oder Verhandlungen. Sie übernehmen - in Abhängigkeit von der Qualität des Managements der Beteiligungsnehmer - folgende Rollen:

- Kontrolleur (Überwachung der Geschäftsentwicklung, der Finanzlage etc.);
- Kontaktvermittler (zu potentiellen Kunden, Lieferanten, Kooperationspartnern, Banken, Unternehmensberatern, Rechtsanwälten, Steuerberatern, sonstigen Know-how-Trägern);
- Know-how-Vermittler (Informationsvermittlung z. B. über die Marktstrukturen und -usancen, über Wettbewerber- und Kundenverhalten; Wissenstransfer z. B. über Schulungen, Seminare, Erfahrungsaustauschrunden zwischen Portfoliounternehmen mit dem Ziel der Weiterqualifizierung der Gründer/Manager, auch Hilfe zur Selbsthilfe);
- Sparringspartner (kompetenter Gesprächspartner beim kritischen Hinterfragen von vorgesehenen Strategien der Unternehmen im Vertrieb, in der Gestaltung des Leistungsangebots usw. oder zur Lösung operativer Probleme);
- Unternehmensberater (Durchführung von Beratungsaufgaben, z. B. bei der Umorganisation, bei der Einführung eines Planungs- und Kontrollsystems),
- Manager auf Zeit (Übernahme unternehmerischer Aufgaben, z. B. zur Beseitigung von Unternehmenskrisen).

Die Erfahrungen aus dem Modellversuch "Förderung technologieorientierter Unternehmensgründungen" (TOU) des früheren BMFT unterstreichen, daß junge und kleine Technologieunternehmen in erster Linie einen Bedarf an einem qualifizierten Sparringspartner, Tipgeber und Kontaktvermittler haben (vgl. Bayer 1991; Kulicke u. a. 1993: 204ff.). Die Rolle des Kontrolleurs ergibt sich aus der Funktion eines Beteiligungsgebers als Mitgesellschafter. Zur Dekung des Bedarfs an allgemeinen Unternehmensberatungen (Organisation eines effizienten Rechnungswesens und Einführung eines Planungs- und Kontrollsystems u. ä.) ist die Einschaltung von hierauf spezialisierten Unternehmensberatern der effizienteste Weg. Obwohl die

Beteiligungsmanager sich überwiegend auf die Klärung strategischer Fragen beschränken sollten, wird es dennoch notwendig sein, Beteiligungsnehmern auch in operativen Fragen praktische Tips zu geben. Auf jeden Fall sollte vermieden werden, daß sie z. B. bei Krisen die Rolle eines Managers auf Zeit übernehmen. Der Modellversuch TOU zeigte, daß echte Krisensituationen nur selten durch den temporären Einsatz eines Außenstehenden bewältigt werden können. In solchen Fällen war eine permanente Verstärkung des Managementteams, in Extremfällen sogar ein vollständiger Austausch des Managements der einzig erfolgreiche Weg.

Bei vergleichbaren Beteiligungsgesellschaften ist das Einbringen eigener finanzieller Mittel durch die Beteiligungsmanager in den Fonds sowie deren Partizipation am Ergebnis des Fonds üblich. Diese stellen spürbare Leistungsanreize dar.

4.2.2.4 Investoren des Fonds

Einerseits liegt ein Ausgangspunkt der Überlegungen zu dieser Fördermaßnahme in dem erheblichen Interesse einzelner Bundesländer an der Erweiterung des Angebots an Beteiligungskapital für junge und kleine Biotechnologieunternehmen, andererseits stellen Kreditinstitute in Deutschland die wichtigsten Investoren für Beteiligungskapital dar[3]. Daher sollte neben dem Bundesland die Kapitalbereitstellung auch durch (größere) **Kreditinstitute** erfolgen. Wie die Ausführungen zum amerikanischen Venture-Capital-Markt zeigen (vgl. Anhang 3), stellen dort **Unternehmen** eine bedeutende Investorengruppe in Beteiligungsgesellschaften dar. Aufgrund der Mentalität deutscher Unternehmensgründer, insbesondere der weitverbreiteten Befürchtung eines Know-how-Abflusses an Großunternehmen, wäre die Aufnahme von Unternehmen mit Biotechnologieaktivitäten in den Investorenkreis des neuen

---

[3] Nach Angaben des BVK 1993b: 164, stellten private Banken bis Ende 1992 Beteiligungsgesellschaften insgesamt 2,6 Mrd. DM zur Verfügung. Dies entspricht einem Anteil von 42 Prozent (bezogen auf das Kapitalvolumen, für das entsprechende Angaben zur Herkunft vorlagen). Auf öffentlich-rechtliche Banken entfällt ein Anteil von 19 Prozent und auf Sparkassen vier Prozent. Insgesamt stammt damit zwei Drittel des investierten oder noch zur Anlage bereiten Kapitals aus dem Kreditsektor.

Fonds kontraproduktiv. Ohnehin spricht die bisherige Zurückhaltung solcher Großunternehmen gegen ein Anlageinteresse.

Zwar treten in den letzten Jahren auch verstärkt ausländische Anleger als Investoren von in Deutschland tätigen **Beteiligungsgesellschaften** auf, es erscheint jedoch aus mehreren Gründen unwahrscheinlich, solche Anleger generell und vor allem bereits in den ersten Jahren der Geschäftstätigkeit des Fonds zu akquirieren. Weder die Biotechnologie noch das Seed- oder Start-up-Segment generell konnten in Deutschland in den zurückliegenden Jahren auf spektakuläre Erfolge verweisen, die eine entsprechende Anlage für ausländische Investoren attraktiv macht. Beteiligungsgesellschaften mit einem Focus auf diesen beiden Bereichen sind in der Konkurrenz um rentable Anlagemöglichkeiten in- und ausländischen Wachstumsunternehmen eindeutig unterlegen. Hinzu kommt, daß der Fonds primär unter wirtschaftspolitischen Zielsetzungen gegründet wird, auch wenn er renditeorientiert arbeiten soll. Für ausländische Investoren ist daher die Gefahr gegeben, daß auch aus politischen Gründen Engagements abgeschlossen werden, die der Renditeorientierung entgegenstehen.

4.2.2.5   Fondsvolumen

Aufgrund des bisherigen quantitativen Aufkommens junger und kleiner Biotechnologieunternehmen in Deutschland bzw. den einzelnen Bundesländern werden die Fonds kein Massengeschäft betreiben, sondern sich pro Jahr *mittelfristig an fünf bis maximal zehn Unternehmen in der Vorgründungs- und frühen Produktentwicklungsphase sowie in drei bis fünf Unternehmen in den anschließenden Phasen beteiligen.* Von der Stimulierungswirkung zukünftiger Förderaktivitäten der Bundesländer auf dieses Segment hängt es ab, in welchem Umfang die Nachfrage und das Investitionsvolumen pro Jahr ansteigt.

Ambitionierte Innovationsvorhaben von jungen und kleinen Biotechnologieunternehmen sind mit einem finanziellen Aufwand von mindestens zwei bis fünf Mio. DM in der Phase der Produkt- oder Verfahrensentwicklung verbunden. Für eine breite Markteinführung, ggf. langwierige Zulassungsverfahren und Testeinsätze entsteht ein weiterer Kapitalbedarf, der ein Mehrfaches der FuE-Aufwendungen betragen dürfte. Die Kapitalbereitstellung erfolgt üblicherweise in mehreren Finanzierungsrunden - abhängig vom bisherigen Erfolg des Beteiligungsnehmers und der Entwicklung seines Kapitalbedarfs. Unterstellt man einen Nettokapitalbedarf von fünf Mio. DM für den Zeitraum bis zu einer ersten Marktetablierung und legt man die Beobachtung zugrunde, daß eine DM Beteiligungskapital knapp zwei DM über sonstige Kapitalquellen erschließt, dann besteht für ein *Innovationsprojekt ein durchschnittlicher Bedarf an Beteiligungskapital von rund 1,7 Mio. DM*. Dies dürfte auf Basis der Erfahrungen des Modellversuchs BJTU die Größenordnung des **Kapitalbedarfs eines durchschnittlichen jungen oder kleinen Biotechnologieunternehmens** darstellen. Er hängt aber auch davon ab, ob bereits die Phase der Produkt- oder Verfahrensentwicklung finanziert wird oder nur die Markteinführung und -etablierung. In Einzelfällen kann der Kapitalbedarf auch deutlich darüber liegen, weshalb bei der Festlegung der Obergrenze bezüglich der Beteiligungshöhe der Fonds eine entsprechende Flexibilität vorgesehen sein muß. Die Obergrenze sollte bei höchstens fünf Mio. DM liegen und so gestaltet sein, daß ein Potential für mehrere Finanzierungsrunden besteht.

Die Fonds sollten sich aber auf die **Anschubfinanzierung** (sogenannte Seed- und Start-up-Phase) beschränken. Für Unternehmen, die die Anfangshürden eines Unternehmensaufbaues bereits erfolgreich überwunden haben und dann erst Beteiligungskapital suchen, besteht in Deutschland ein entsprechendes Angebot an risikotragendem Kapital für die Finanzierung der eigentlichen Wachstumsphase.

Als **Finanzvolumen eines Fonds** ist eine **anfängliche Mindestgröße von 15 Mio. DM** erforderlich. Ursachen sind die Mindestanzahl an Portfoliounternehmen, um eine Risikostreuung zu erzielen, und der Managementaufwand. Die mit dem Fonds verfolgten nicht-monetären Ziele, d. h. die Erreichung einer möglichst großen Anzahl an expansiven Neugründungen und kleinen Technologieunternehmen sprechen für die *Konzeption als offener Fonds*. Dabei liegt das Fondsvolumen nicht von vorneherein fest, sondern wird von den Investoren entsprechend den Beteiligungsgelegenheiten erhöht. Dies erschließt auch die Möglichkeit einer Erweiterung des Investorenkreises im Laufe der Jahre - vor allem bei erfolgreicher Geschäftstätigkeit.

4.2.2.6 Finanzierungsinstrumente

Weiter oben wurde bereits begründet, warum die Fonds primär direkte Beteiligungen abschließen sollten. Bei größeren bzw. seit längerem bestehenden Biotechnologieunternehmen erfolgt häufig die Kapitalbereitstellung über stille Beteiligungen bzw. eigenkapitalähnliche Darlehen unter Nutzung des ERP-Beteiligungsprogramms, da für sie primär das Problem in der Kapitalbeschaffung und weniger in einem Bedarf an differenzierter Managementunterstützung in strategischen Fragen besteht. Im Seed-Capital-Segment tätige Beteiligungsgesellschaften schließen mit jungen Technologieunternehmen häufig Verträge ab, durch die die Kapitalbereitstellung über einen direkten Anteil am Gesellschaftskapital plus einem Gesellschafterdarlehen besteht. Die Ursachen für dieses Vorgehen liegen darin, daß der Kapitalbedarf junger Beteiligungsnehmer so hoch ist, daß eine ausschließliche Kapitalbereitstellung über direkte Beteiligungen plus Agio einen bereits relativ hohen Gesellschaftsanteil impliziert, der bei weiteren Finanzierungsrunden dazu führen würde, daß der Beteiligungsgeber die Rolle des Mehrheitsgesellschafters übernehmen müßte - eine Position, die höchstens in Krisensituationen von Beteiligungsgesellschaften angestrebt wird. **Gesellschafterdarlehen** wirken diesem entgegen und bieten darüber hinaus für den Beteiligungsgeber den Vorteil, daß er laufende Erträge aus seinem Engagement erwirtschaften kann. Natürlich muß bei der Regelung der Beteiligungsentgelte sichergestellt sein, daß über sie in den Aufbaujahren dem Beteiligungsnehmer nicht Liquidität entzogen wird. Beteiligungsgeber haben daran ohnehin kein Interesse, da sie praktisch über ihr anfängliches Investment diese Liquidität selbst ins Unternehmen einbringen müßten. Gesellschafterdarlehen von Beteiligungsgesellschaften weisen typischerweise eine niedrige gewinnunabhängige (z. B. 5 %) und eine gewinnabhängige Verzinsung auf, die ab einer bestimmten Höhe des Gewinns gezahlt werden muß. Die Laufzeit beträgt zwischen fünf und zehn Jahren.

4.2.2.7   Finanzielle Implikationen für den Fördergeber

Die finanziellen Implikationen einer Fondsneugründung für ein Bundesland hängen davon ab, in welchem Umfang Kreditinstitute oder institutionelle Anleger bereit sind, in diesen Fonds zu investieren. Aufgrund der hohen Risiken aus Investments an jungen und kleinen Biotechnologieunternehmen kann davon ausgegangen werden, daß durch das Land etwa die Hälfte des anfänglichen Beteiligungskapitals zur Verfügung gestellt werden muß. Bei einem Mindestvolumen zu Beginn von 15 Mio. DM bedeutet dies einen Länderbeitrag von 7,5 Mio. DM. Je nach Erfolg des Fonds erfolgt nach etwa zehn Jahren eine Rückzahlung der eingelegten Mittel einschließlich einer Verzinsung. Die gesamten finanziellen Implikationen für den Fördergeber über die gesamte Fondslaufzeit lassen sich daher zu Beginn nicht abschätzen.

Tabelle 4-3 zeigt zusammengefaßt die wichtigsten Kenndaten zur Ausgestaltung des Fonds.

4.2.3   Fördermaßnahmen bezogen auf bestehende Beteiligungsgesellschaften

4.2.3.1   Risikoabsicherung in den ersten Jahren nach Beteiligungsabschluß durch eine Ausfallübernahme des Bundeslandes

Ausgestaltung

Eine zeitlich befristete Ausfallübernahme trägt dem Umstand Rechnung, daß die ersten Jahre der Laufzeit einer Beteiligung mit den größten Risiken für den Beteiligungsgeber behaftet sind und für renditeorientierte Beteiligungsgesellschaften die Haupthürde für Investments in kleine und junge Technologieunternehmen darstellen. Diesem Engpaß trug der Modellversuch "Beteiligungskapital für junge Techno-

logieunternehmen" (BJTU) des Bundesministeriums für Bildung und Forschung
(BMBF), dessen letztes Zugangsjahr 1994 war, in der Ausgestaltung seiner Koinvestment-Variante Rechnung[4]. Die Erfahrungen mit dieser Fördervariante bilden die
Basis für die nachfolgenden Ausführungen (zu den Ergebnissen des Modellversuches vgl. auch Kulicke/Wupperfeld 1996).

Die Koinvestment-Variante setzt am Engpaß "hohes Risiko bei Engagements an
jungen Technologieunternehmen" an. Die Technologie-Beteiligungs-Gesellschaft
(tbg), eine Tochter der Deutschen Ausgleichsbank, die diese Variante durchführte,
ging stille Beteiligungen an jungen Technologieunternehmen ein (max.
1 Mio. DM), wenn sich ein Beteiligungsgeber (der sog. Leadinvestor) in mindestens
gleicher Höhe beteiligte[5]. Er konnte seine Beteiligung in den ersten drei Jahren nach
Beteiligungsabschluß der tbg zur Übernahme andienen. In der Regel erfolgte dies,
wenn ein Konkurs bevorstand oder sich eine negative Unternehmensentwicklung
abzeichnete, so daß der Leadinvestor um den Verlust seiner Beteiligung bzw. eine
deutliche Verfehlung der Renditeziele fürchtete. Die tbg übernahm diese Beteiligung jedoch nur mit einem Abschlag (40-60 %) des ursprünglichen Nennbetrages
des Engagements. Der Leadinvestor konnte im gleichen Zeitraum gegen ein Agio
die stille Beteiligung der tbg übernehmen (in der Regel 25 %). Er hätte dies tun
können, wenn das Wachstum und die Gewinnerwartungen des jungen Technologieunternehmens vielversprechend gewesen wären[6]. Die Konditionen im einzelnen
wurden zwischen Beteiligungsnehmer und tbg vor Vertragsabschluß detailliert aus-
gehandelt, wobei ein entsprechender Verhandlungsspielraum bestand.

---

[4] Näher beschrieben in (BMFT 1989: 34 ff.; Harnischfeger et al. 1992: 5 ff.)

[5] Die Rolle eines Leadinvestors können nicht nur Beteiligungsgesellschaften übernehmen, sondern auch
Privatinvestoren und unter bestimmten Umständen auch Unternehmen.

[6] Von dieser Kaufoption wurde allerdings von keinem Leadinvestor Gebrauch gemacht. Dies erklärt sich
sicherlich u. a. auch aus der Tatsache, daß die tbg-Beteiligung aus Sicht eines jungen Technologieunternehmens mit sehr günstigen Konditionen verbunden war. Dieser Vorteil für ein JTU stellt für einen renditeori-
entierten Beteiligungsgeber einen Nachteil dar, da solche Beteiligungen nur geringe Erträge erbringen. Auch
für Beteiligungsgeber mit der Zielsetzung Wirtschaftsförderung bestand aus den Konditionen kein Anreiz
für eine Übernahme der tbg-Beteiligung.

Tab. 4-3:   Merkmale eines neuzugründenden Biotechnologiefonds

Förderzweck/Zielsetzung	Bereitstellung von Seed Capital für Neugründungen im Bereich der Biotechnologie
Fördergegenstand	Gründung eines auf die Frühphasenfinanzierung von Neugründungen spezialisierten Biotechnologiefonds
Phasen der Unternehmensentwicklung	Unternehmenskonzeptentwicklung, Aktivitäten vor Aufnahme eines FuE-Projekts, Produkt- oder Verfahrensentwicklung, Vermarktungsvorbereitung und Markteinführung
Aktivitätsschwerpunkte des Fondsmanagements	- Anschubfinanzierung - Identifikation erfolgversprechender Innovationsvorhaben im universitären und außeruniversitären Bereich sowie in der industriellen Forschung, die sich für Ausgründungen eignen - Unterstützung bei der Erstellung eines tragfähigen Unternehmenskonzepts - aktive Rolle beim Schnüren von Finanzierungspaketen (Anfangsfinanzierung, weitere Finanzierungsrunden) - Beratung in allen strategischen Fragen, beim Unternehmensaufbau und bei der Markterschließung
Fondsvolumen	anfänglich 15 Mio. DM, Konzeption als offener Fonds
Investoren	Bundesland als Initialinvestor, Kreditinstitute (ggf. Großunternehmen) als weitere Kapitalgeber
Zielsetzung des Fonds	Renditeorientierung
Beteiligungsformen	i.d.R. direkte Beteiligungen am Gesellschaftskapital, additiv auch stille Beteiligungen oder Gesellschafterdarlehen
Ausgestaltung der Fonds- und der Managementgesellschaft	Zwei Alternativen: - generell neue (Fonds- und Management-) Gesellschaft - neuer Fonds, der von einer etablierten Managementgesellschaft verwaltet wird
geschätzte Anzahl an Engagements	ca. fünf bis maximal zehn Engagements pro Jahr zur Finanzierung der Konzepterstellung und erster FuE-Aktivitäten, ca. drei bis fünf Engagements pro Jahr zur Finanzierung von FuE-Vorhaben bis zur Prototypreife
Unter- und Obergrenze pro Engagement	keine Untergrenze, auch bereits Beteiligungen ab 50 bis 100 TDM möglich, Obergrenze von fünf Mio. DM über mehrere Finanzierungsrunden
Finanzielle Implikationen für den Fördergeber	Bereitstellung von ca. der Hälfte des anfänglichen Mindestkapitals von 15 Mio. DM, abhängig von der Investitionsbereitschaft weiterer Kapitalgeber; Rückflüsse nach Desinvestment des Fonds

Da Biotechnologieunternehmen vielfach eine längere Markteinführungsphase aufweisen als junge Technologieunternehmen generell, ist es erforderlich, den Andienungszeitraum für den Beteiligungsgeber länger als im Modellversuch BJTU zu fassen. Gegebenenfalls könnte der Andienungszeitraum auch vom Finanzierungszweck (FuE-Arbeiten oder Markteinführung) abhängig gemacht werden. Entsprechend dem im Modellversuch TOU beobachteten Verlauf der Ausfälle sollte der Andienungszeitraum fünf Jahre sein (vgl. Wupperfeld 1993). Die besonderen Marktrisiken bei Biotechnologieunternehmen und Abgrenzungsprobleme sprechen dafür, unabhängig vom Finanzierungszweck einen einheitlichen Zeitraum festzulegen.

Der Umfang der in der Koinvestmentvariante des Modellversuchs BJTU erfolgten Förderungen von Beteiligungen an jungen Technologieunternehmen und die Aussagen einiger Beteiligungsgesellschaften, die dieses Förderangebot nutzten, unterstreichen, daß die Risikoübernahme einen deutlichen Anreiz für Engagements an jungen Technologieunternehmen darstellen. Die Wirkung dieses Anreizes wird vor allem deutlich, wenn man sich den tatsächlichen Vorteil für einen Beteiligungsgeber vor Augen führt, wie die **Beispielrechnung** in Tabelle 4-4 verdeutlicht.

Insgesamt ist der rein quantitative Vorteil für einen Investor nicht besonders groß, vor allem unter dem Aspekt, daß Beteiligungsgeber ja nicht ihre Ausfälle besonders niedrig, sondern möglichst viele sich gut entwickelnde Unternehmen (sogenannte Stars) in ihrem Portfolio halten wollen. Trotzdem hat der Modellversuch BJTU mit dieser Variante dazu beigetragen, daß Engagements an jungen Technologieunternehmen erfolgten, die nach Aussagen der Beteiligungsgeber zum großen Teil ohne Förderung unterblieben wären. Von den Unternehmensplanungen her handelt es sich dabei häufig um solche junge Technologieunternehmen, die besonders schnell wachsen sollen.

Die Risikoübernahme im Modellversuch BJTU erfolgte durch Verkauf der Beteiligung des Leadinvestors an die tbg. Im Konkursfall handelte es sich dabei um einen symbolischen Akt. Wurde das junge Technologieunternehmen jedoch auch nach dem Ausstieg des Beteiligungsgebers weitergeführt, dann hielt die tbg die Beteiligung. Bei einer Ausfallübernahme als separater Fördermaßnahme stellte sich im letztgenannten Fall die Frage, wer an die Stelle des abgebenden Beteiligungsgebers tritt. Eine vollständige Übernahme durch die übrigen Gesellschafter des Unternehmens (z. B. die Gründer) dürfte ausscheiden, da diese nicht die finanziellen Möglichkeiten haben. Das Problem kann entweder dadurch gelöst werden, daß eine Ausfallübernahme nur auf den Konkursfall beschränkt bleibt oder daß die Beteiligung an die übrigen Gesellschafter des Unternehmens zu einem symbolischen Preis (mit Besserungsschein) übertragen wird.

Tab. 4-4: Beispielrechnung zur Andienungsmöglichkeit einer Beteiligung durch einen Leadinvestor

Ausgegangen wird von folgenden Annahmen:

o Der Beteiligungsgeber, der sogenannte Leadinvestor schließt für mehrere Engagements stille Beteiligungen über ingesamt zehn Mio. DM.

o Innerhalb der ersten drei Jahre Laufzeit der geförderten Beteiligung kann der Leadinvestor sein Engagement mit einem Abschlag von 40 Prozent an die tbg verkaufen.

o Die Ausfallquote des Gesamtbestandes des Leadinvestors beträgt 30 Prozent über die gesamten zehn Jahre. Daraus errechnet sich ein Ausfallbetrag von drei Mio. DM.

o Die Beteiligungen dienen jeweils zur Hälfte der Finanzierung der Keim- und der Aufbauphase eines jungen Technologieunternehmens.

o Die Ausfallquote (30 %) ist unabhängig von der Phase (Keim- oder Aufbauphase), auf die sich die Beteiligungen beziehen. Die jährliche Ausfallquote ist nicht konstant und differiert zwischen diesen beiden Phasen:

bei Beteiligungen zur Finanzierung von FuE-Arbeiten (Keimphase):

o in den ersten beiden Jahren keine Ausfälle,

o im 3. Jahr: zehn Prozent des anfänglichen Beteiligungsbestandes,

o im 4. Jahr: acht Prozent des anfänglichen Beteiligungsbestandes,

o im 5. Jahr: sieben Prozent des anfänglichen Beteiligungsbestandes,

o im 6. Jahr: drei Prozent des anfänglichen Beteiligungsbestandes,

o im 7. Jahr: zwei Prozent des anfänglichen Beteiligungsbestandes,

o in den weiteren Jahren keine Ausfälle mehr.

bei Beteiligungen zur Finanzierung der Markteinführung/Produktionsvorbereitung (Aufbauphase):

o im ersten Jahr keine Ausfälle,

o im 2. Jahr: zehn Prozent des anfänglichen Beteiligungsbestandes,

o im 3. Jahr: acht Prozent des anfänglichen Beteiligungsbestandes,

> o im 4. Jahr: sieben Prozent des anfänglichen Beteiligungsbestandes,
>
> o im 5. Jahr: drei Prozent des anfänglichen Beteiligungsbestandes,
>
> o im 6. Jahr: zwei Prozent des anfänglichen Beteiligungsbestandes,
>
> o in den weiteren Jahren keine Ausfälle mehr.
>
> Für die Engagements in der Keimphase eines jungen Technologieunternehmens wirkt das Andienungsrecht bei einem Ausfall nur für ein Jahr und bezieht sich auf eine Ausfallquote von zehn Prozent. Für Keimphasen-Beteiligungen entsteht ein vom Leadinvestor zu tragender Ausfallbetrag von 178 TDM in den ersten drei Jahren und 682,5 TDM in den restlichen Jahren, insgesamt also 860,5 TDM gegenüber 1127,5 TDM bei vollem Risiko für den Leadinvestor. Für Engagements in der Aufbauphase eines jungen Technologieunternehmens wirkt das Andienungsrecht bei einem Ausfall zwei Jahre und bezieht sich auf eine Ausfallquote von 18 Prozent. Für Aufbauphasenbeteiligungen entsteht ein vom Leadinvestor zu tragender Ausfallbetrag von 331,2 TDM in den ersten drei Jahren und 488 TDM in den restlichen Jahren, insgesamt also 819,2 TDM gegenüber 1316 TDM bei vollem Risiko für den Leadinvestor.

Ein Grund spricht eindeutig dafür, weshalb sich die Ausfallübernahme nicht nur auf den Konkursfall beziehen darf. Ist die Ausfallübernahme an das vollständige Scheitern des Beteiligungsnehmers gebunden, haben Beteiligungsgeber ein eindeutiges Interesse daran, bei einer unterplanmäßigen Entwicklung des Engagements einen Konkurs herbeizuführen, damit sie wenigstens einen Teil ihrer ursprünglichen Einlage zurückerhalten. Der Modellversuch TOU hat jedoch gezeigt, daß das Scheitern eines Innovationsvorhabens nicht zwangsläufig auch das Scheitern des Unternehmens als Ganzes darstellen muß[7]. Eine Reihe von jungen Technologieunternehmen konnte als Dienstleister weitergeführt werden und hat den Mitarbeiterstamm halten oder sogar deutlich ausweiten können. Auch für einzelne als produzierende Biotechnologieunternehmen gescheiterte Unternehmen dürften Marktchancen im Dienstleistungsgeschäft bestehen. Daher darf die Ausgestaltung der Risikoabsi-

---

[7] Bis Mitte 1994 mußten 23 Prozent der im Modellversuch TOU geförderten jungen Technologieunternehmen Konkurs anmelden oder wurden still liquidiert. Weitere zwölf Prozent sind lediglich im weiteren Sinne als Technologieunternehmen gescheitert, sie sind auf das Niveau eines Ingenieurbüros oder Dienstleistungsunternehmens zurückgefallen bzw. stellen lediglich eine Kümmerexistenz mit geringen Umsätzen dar (siehe Kulicke 1994: 5)

cherung durch das Bundesland eine solche Weiterführung der Geschäftstätigkeit nicht behindern.

Im Modellversuch BJTU hat die tbg bei den eingetretenen Optionsausübungen durch die Leadinvestoren in der Regel deren Engagement mit einem Abschlag von 40 Prozent auf die ursprüngliche Beteiligungssumme übernommen. Andererseits stellt ein niedrigerer Abschlag auf die ursprüngliche Beteiligungssumme (d. h. der Beteiligungsgeber erhält mehr als nur 60 % seines Engagements) bei der Übernahme einen deutlichen Anreiz für diese Beteiligungsgeber für mehr Beteiligungen an Biotechnologieunternehmen dar. Daher sollte der Abschlag auf 25 Prozent fixiert werden. Er trägt auch dem Umstand Rechnung, daß die zu erwartenden Aufwendungen für eine Managementunterstützung bei jungen Biotechnologieunternehmen besonders hoch sind und damit die Renditemöglichkeiten beschränken.

Finanzielle Implikationen

Die Modellversuche TOU und BJTU verdeutlichen, daß eine Scheiterquote von 30 Prozent unter geförderten jungen Technologieunternehmen realistisch ist. Für ein Beteiligungsvolumen von beispielsweise zehn Mio. DM bedeutet eine Ausfallübernahme unter den oben genannten Annahmen über die Ausfallentwicklung in den ersten fünf Jahren nach Beteiligungsabschluß und unter Berücksichtigung des 25prozentigen Abschlags auf Ausfälle, daß etwa zwei Mio. DM an Beteiligungen ausfallen, die durch das Bundesland zu tragen sind.

Beschränkt man die Ausfallübernahme nicht nur auf Totalverluste (Konkurs der Beteiligungsnehmer), sondern bietet Beteiligungsgebern auch die Möglichkeit, ein sich nicht planmäßig entwickelndes Engagement zu verkaufen, dann muß auch der daraus resultierende Aufwand berücksichtigt werden. Es ist davon auszugehen, daß rund 20 Prozent der Beteiligungen nicht den Erwartungen der Leadinvestoren entsprechen, so daß diese von ihrer Verkaufsoption Gebrauch machen, ohne daß ein Konkurs erfolgt. Unterstellt man wiederum ein Beteiligungsvolumen von zehn Mio. DM, dann resultiert daraus ein weiterer Aufwand von insgesamt rund 1,5 Mio. DM.

In der Summe ergibt sich **für die Risikoübernahme ein finanzieller Aufwand von rund 3,5 Mio. DM bei einem Beteiligungsvolumen von zehn Mio. DM.** Dieser Wert geht von zunächst jährlich fünf Engagements mit einem durchschnittlichen

Beteiligungsvolumen von zwei Mio. DM aus. Mittelfristig sind fünf bis zehn Engagements pro Jahr zu erwarten. Der Modellversuch BJTU hat gezeigt, daß über eine DM Beteiligungskapital knapp zwei DM an weiteren Finanzierungsquellen erschloßen werden können (einschließlich sonstiger Förderprogramme). Mit dem angenommenen finanziellen Aufwand für die Risikoübernahme kann somit ein gesamtes Finanzierungsvolumen von rund 27 Mio. DM bewegt werden.

Die zeitliche Ausdehnung des Andienungsrechts und eine Abschlagsregelung von 25 Prozent stellen nach Aussagen von Beteiligungsgesellschaften deutliche Anreize für mehr Engagements an Biotechnologieunternehmen dar. Diese Vorteile für den Beteiligungsgeber sollten mit einem Eigenbeitrag der Beteiligungsgeber angeboten werden. Denkbar ist, daß ein Beteiligungsgeber für alle abgesicherten Engagements eine Risikoprämie bezahlt, vergleichbar der Bürgschaftsgebühr von Bürgschaftsbanken und Garantiegemeinschaften im sonstigen Beteiligungsgeschäft (z. B. 0,7 % bei einer Bürgschaft über 70 % des Beteiligungsbetrages). Eine einprozentige Risikoprämie bedeutet bei einem Beteiligungsvolumen von zehn Mio. DM jährliche Kosten für Beteiligungsgesellschaften von 100 TDM. Diese Prämie ist fünf Jahre lang zu zahlen. Es erscheint als nicht wahrscheinlich, daß dieser zusätzliche Kostenfaktor die Bereitschaft von Kapitalgebern zu mehr Engagements an jungen und kleinen Biotechnologieunternehmen senkt.

Tabelle 4-5 zeigt die Ausgestaltung dieser Fördermaßnahme.

4.2.3.2   Zuschüsse oder zinsgünstige Darlehen an Biotechnologieunternehmen, die an die Aufnahme von Beteiligungskapital gebunden sind

Ausgestaltung

Der Anreiz der Koinvestmentvariante des Modellversuchs BJTU für Beteiligungsgesellschaften, sich an einem jungen Technologieunternehmen zu beteiligen, basierte nicht nur auf der Ausfallübernahme im Mißerfolgsfall. Ebenfalls wichtige Aspek-

Tab. 4-5:   Ausgestaltung der Risikoabsicherung von Beteiligungen durch eine Ausfallübernahme des Bundeslandes

Förderzweck/Zielsetzung	Erhöhung des Angebots an Beteiligungskapital für im Bundesland ansässige KMU (einschließlich Neugründungen) im Bereich der Biotechnologie
Fördergegenstand	Ausfallbürgschaft für Beteiligungen (stille und direkte) sowie eigenkapitalähnliche Darlehen, die der Finanzierung von FuE-Projekten bis zur Marktreife, der Produktionsvorbereitung und der Markteinführung dienen
Antragsberechtigte	private und öffentlich getragene Beteiligungsgesellschaften, Kreditinstitute, Privatinvestoren, Unternehmen, die im Bundesland ansässigen KMU im Bereich der Biotechnologie risikotragendes Kapital bereitstellen
Phasen der Unternehmensentwicklung	Produkt- oder Verfahrensentwicklung, Vermarktungsvorbereitung und Markteinführung
Höchstbetrag der Förderung	Fünf Mio. DM pro Beteiligungsnehmer, Gesamtbetrag ggf. über mehrere Finanzierungsrunden
Form der Ausfallübernahme	Andienungsrecht des Beteiligungsgebers innerhalb von max. fünf Jahren nach Beteiligungszusage zur Übernahme der Beteiligung zu einem Abschlag von 25 Prozent der ursprünglichen Beteiligungssumme (bei direkten Beteiligungen incl. Agio)
Eintritt der Ausfallübernahme	im Konkursfall oder bei unplanmäßiger Entwicklung des Engagements, im letztgenannten Fall Übertragung der Beteiligung an die übrigen Gesellschafter des Unternehmens zu einem symbolischen Preis (mit Besserungsschein)
Garantieprovision	Ein Prozent des jeweils valutierenden und abgesicherten Beteiligungsbetrages, zahlbar durch den Beteiligungsgeber, beschränkt auf den maximal fünfjährigen Andienungszeitraum
Finanzielle Implikationen für den Fördergeber	Auszahlungen (Annahme: Ausfallquote von 30 % über den gesamten Zeitraum der Laufzeit einer Beteiligung): - bezogen nur auf den Konkursfall: circa 20 Prozent des abgesicherten Beteiligungsvolumens (über max. fünf Jahre verteilt) - auch bei unplanmäßiger Entwicklung des Engagements: circa 15 Prozent des abgesicherten Beteiligungsvolumens (über max. 5 Jahre verteilt) Einzahlungen aus der Garantieprovision: Ein Prozent des abgesicherten Beteiligungsvolumens p.a. für max. fünf Jahre

te für einen Beteiligungsgeber waren die weitere Bereitstellung von Mitteln zur Finanzierung größerer Kapitalbedarfe über die tbg-Beteiligungen sowie die Entgeltregelung für diese Investments. Wenn die Chancen- und Risikenbewertung durch einen Beteiligungsgeber zu einem positiven Votum geführt hatte, stellte sich die Frage, wie der Kapitalbedarf für das Innovationsvorhaben überhaupt finanziert werden kann, d. h. welche weiteren Kapitalquellen erschlossen werden können, um ein gesamtes Finanzierungspaket zu schnüren und den Beteiligungsnehmer mittelfristig auf eine sichere finanzielle Basis zu stellen.

Die tbg beteiligte sich höchstens in gleicher Höhe wie der Leadinvestor an einem jungen Technologieunternehmen und stellte Kapital in Form stiller Beteiligungen zu günstigen Konditionen bereit. Das gewinnunabhängige Beteiligungsentgelt betrug fünf Prozent p.a., für das gewinnabhängige Entgelt gab es individuelle Regelungen bzgl. des Prozentsatzes und der Gewinnhöhe, ab der ein solches Entgelt gezahlt werden mußte. Diese Entgeltregelungen wirkten sich positiv auf die Liquiditätslage der jungen Technologieunternehmen aus. Daher ging von ihr ein Hebeleffekt auf die Rendite von Beteiligungsgesellschaften aus und erweiterte den Finanzierungsspielraum größerer Vorhaben, was weitere Anreize für die Nutzung dieser Zugangsvariante des Modellversuchs BJTU darstellten.

In modifizierter Form könnte durch eine Fördermaßnahme auf Bundesländerebene dieser Effekt dadurch erreicht werden, daß **Zuschüsse oder Darlehen an junge und kleine Biotechnologieunternehmen mit der Auflage gewährt werden, Beteiligungskapital einzuwerben**. Letzteres verbessert die Eigenkapitalbasis, die erstgenannten erweitern das Finanzierungsvolumen.

Die Konzeption eines Zuschuß- oder Darlehensprogramms muß jedoch den Finanzierungsanforderungen solcher Innovationsprojekte Rechnung tragen. Für begünstigte Unternehmen stellen Zuschüsse zwar zunächst die attraktivere Form der Förderung dar, ihre absolute und relative Höhe müßte jedoch so ausgestaltet sein, daß von ihnen ein merklicher Anteil am gesamten Finanzierungsvolumen abgedeckt werden kann. Angesichts der allgemeinen Haushaltssituation der Länder und den Restriktionen aus der EU-Beihilferegelung erscheint eine bedarfsadäquate Zuschußhöhe jedoch nicht realisierbar. Wenn über Beteiligungskapital eine gute Eigenkapitalbasis geschaffen wird, können über geförderte Darlehen größere Finanzierungsvolumina auch unter den genannten Restriktionen ausgelöst werden.

Ein Großteil der Innovationskosten bezieht sich auf Personalaufwendungen und sonstige Aufwendungen (z. B. Auftragsvergabe für FuE-Leistungen, Schulungskosten), die nicht zu den Sachinvestitionen zählen. Die meisten bestehenden Fördermaßnahmen auf Bundes- und Länderebene in Form zinsgünstiger Darlehen haben einen eindeutigen Schwerpunkt auf Investitionen. Sie sind daher wenig geeignet zur Finanzierung von Innovationsprojekten mit hohem Personalkostenanteil. Ferner werden für Darlehensprogramme meist dingliche Sicherheiten verlangt - eine Forderung, die junge und kleine Technologieunternehmen nicht erfüllen können. Darlehen sollten daher mit einer Landesbürgschaft verbunden sein, die eintritt, wenn das Unternehmen als Ganzes scheitert[8].

Für die Bereitstellung oder Förderung von Darlehen gibt es prinzipiell zwei Wege: Darlehen aus Landesmitteln oder Absicherung von Hausbankkrediten. Die Frage der Sicherheitenstellung löst sich im erstgenannten Fall durch einen entsprechenden Verzicht von seiten der Förderadministration. Im letztgenannten Fall muß jedoch sichergestellt werden, daß die privaten Kreditinstitute (Hausbanken) eine Sicherheitenübernahme durch das Land als werthaltig ansehen und nicht ihrerseits doch von den Unternehmen dingliche Sicherheiten verlangen.

Die Darlehenshöhe kann an die Höhe der Beteiligung geknüpft werden. Sie muß aber in jedem Fall sicherstellen, daß damit größere Innovationsprojekte finanzierbar werden. Die Obergrenze sollte bei höchstens 2,5 Mio. DM liegen. Um den geförderten Unternehmen nicht frühzeitig Liquidität zu entziehen, sind tilgungsfreie Jahre erforderlich. Deren Anzahl sollte sich nach dem Finanzierungszweck richten. Bei Darlehen zur Finanzierung von FuE-Arbeiten wären aus Sicht des Darlehensnehmers sicherlich mindestens drei tilgungsfreie Jahre, für Darlehen zur Finanzierung der Markteinführung/Produktionsvorbereitung mindestens zwei Jahre notwendig.

Eine besondere Form von Darlehen stellen partiarische Darlehen mit Rangrücktritt dar, da sie zum Eigenkapital des Darlehensnehmers gerechnet werden können. Fer-

---

[8] Eine Kopplung des Bürgschaftseintritts nur an den Erfolg des Innovationsprojekt führt zu erheblichen Abgrenzungs- und Definitionsproblemen und dürfte - wie das Erstinnovationsprogramm des Bundesministeriums für Wirtschaft in den 70er Jahren unterstrich, zu sehr hohen "Mißerfolgsquoten" der geförderten Vorhaben führen, da in diesem Fall eine Darlehensrückzahlung entfällt.

ner erfolgt ihre Tilgung erst nach Ablauf der Darlehenslaufzeit. Zur Mitfinanzierung der kritischen Aufbaujahre eines jungen und kleinen Biotechnologieunternehmens erscheint eine Mindestlaufzeit von fünf Jahren erforderlich. Danach sollte die Unternehmensentwicklung genügend Spielraum für eine Ablösung des partiarischen Darlehens durch eine normale Kreditfinanzierung ermöglichen.

Finanzielle Implikationen

Bei einer Bereitstellung von Darlehen aus Landesmitteln stellt der Refinanzierungsaufwand den größten Aufwandsposten dar. Ihm stehen jedoch die Zinszahlungen der Darlehensnehmer gegenüber. Eine Zinsverbilligung beinhaltet angesichts der übrigen Förderkonditionen (Finanzierungszweck, Risikoabsicherung) nur einen geringen Fördereffekt. Daher kann hierauf verzichtet werden. Läßt man Zinszahlungsverzögerungen und Zinsausfälle ohne gleichzeitigen Darlehensausfall unberücksichtigt, dann resultiert netto aus der Darlehensbereitstellung kein zusätzlicher Aufwand für den Fördergeber. Die wesentliche Aufwandsposition stellen daher die Ausfälle durch Nichtrückzahlung der Darlehen durch Darlehensnehmer dar. Legt man eine Ausfallquote von 30 Prozent zugrunde, dann entsteht ein Aufwand für Ausfälle von drei Mio. DM für ein Darlehensvolumen von zehn Mio. DM, dem etwa sieben Engagements à 1,5 Mio. DM Darlehenssumme entsprechen. Diese Aufwendungen treten über einen mehrjährigen Zeitraum verteilt auf, mit einem Schwerpunkt in den Jahren um den Beginn der Tilgungszahlungen. Mittelfristig ist von fünf bis zehn Engagements pro Jahr auszugehen.

Wenn die Risikoabsicherung sich auf Darlehen von Hausbanken bezieht, ergeben sich die gleichen finanziellen Implikationen. Eine Bearbeitungsgebühr durch die Hausbank ist dabei nicht explizit berücksichtigt.

Tabelle 4-6 zeigt zusammengefaßt die Ausgestaltung der Fördermaßnahme.

Tab. 4-6:   Ausgestaltung der Darlehen an Biotechnologieunternehmen, die an die Aufnahme von Beteiligungskapital gebunden sind

Förderzweck/Zielsetzung	Erweiterung des Finanzierungsvolumens von Innovationsvorhaben in KMU (einschließlich Neugründungen), in die Beteiligungskapital fließt
Fördergegenstand	durch eine Landesbürgschaft abgesicherte Darlehen zur Finanzierung von FuE-Projekten bis zur Marktreife, der Produktionsvorbereitung und der Markteinführung
Antragsberechtigte	KMU (einschließlich Neugründungen) der Biotechnologie mit Sitz im jeweiligen Bundesland
Phasen der Unternehmensentwicklung	Produkt- oder Verfahrensentwicklung, Vermarktungsvorbereitung und Markteinführung
Höchstbetrag	2,5 Mio. DM Darlehenssumme pro KMU
Finanzierungsgegenstand	alle im Zusammenhang mit einem Innovationsvorhaben für die Produkt- oder Verfahrensentwicklung, Vermarktungsvorbereitung und Markteinführung stehenden Aufwendungen, insbesondere Betriebsmittel
Darlehensgeber	Zwei Alternativen: Darlehen aus Mitteln des Freistaats oder Hausbankdarlehen, jeweils unter weitgehender Risikoübernahme durch das Bundesland
Darlehensausgestaltung	Zwei Alternativen: normale Darlehen oder eigenkapitalähnliche Darlehen (partiarische Darlehen mit Rangrücktritt)
Sicherheitenstellung	keine (weder durch den Darlehensnehmer noch durch den Beteiligungsgeber)
Darlehenslaufzeit	im Regelfall: maximal zehn Jahre bei eigenkapitalähnlichen Darlehen: mindestens fünf, maximal zehn Jahre
Darlehensrückzahlung	drei tilgungsfreie Jahre bei Darlehen, die der Produkt- oder Verfahrensentwicklung bzw. zwei Jahre bei Darlehen, die der Vermarktungsvorbereitung und Markteinführung dienen; Rückzahlung in gleichhohen Jahresraten bei eigenkapitalähnlichen Darlehen: Rückzahlung nach Ablauf der Darlehenslaufzeit in einer Tranche
Finanzielle Implikationen für den Fördergeber	bei Darlehen des Freistaats: Saldo aus Refinanzierungsaufwand und Zinseinnahmen, Ausfallübernahme (bei 30 %iger Ausfallquote) von 30 Prozent des Darlehensbetrages; bei Hausbankdarlehen: Ausfallübernahme von 30 Prozent des Darlehensbetrages

4.2.3.3   Förderung von Engagements an Biotechnologieunternehmen durch zeitlich befristete Subventionierung der Betreuungsaufwendungen

Die Aufwendungen für eine Managementunterstützung führen in erster Linie bei volumenmäßig kleinen Beteiligungen zu einer ungünstigen Kosten-/Ertrags-Relation für den Kapitalgeber. Die typischerweise erfolgende Kapitalbereitstellung in mehreren Finanzierungsrunden entsprechend dem Projektfortschritt und Kapitalbedarf der Portfoliounternehmen führt dazu, daß anfänglich kleinere Beteiligungsbeträge (unter 700 TDM) investiert werden, der Unterstützungsbedarf von seiten des Beteiligungsnehmers aber trotzdem recht hoch ist. Eine Externalisierung der Beratungsaufwendungen stellt aus Sicht eines Beteiligungsgebers sicher, daß auch bei einem sich früh abzeichnenden Mißerfolg des Engagements zumindest ein großer Teil der Managementaufwendungen hierfür zurückgewonnen werden kann.

Zwar werden hohe Aufwendungen für eine Managementunterstützung junger Technologieunternehmen von Beteiligungsgesellschaften als Investitionshemmnis hervorgehoben, letztlich stehen sie in ihrer Wirkung jedoch deutlich hinter dem Risiko- und Finanzierungsaspekt. Eine zeitlich befristete Subventionierung der Betreuungsaufwendungen stellt daher allein noch nicht den notwendigen deutlichen Anreiz für Beteiligungsgesellschaften dar, sich verstärkt an kleinen und jungen Biotechnologieunternehmen zu engagieren. Ferner muß bei der administrativen Abwicklung dieses Förderinstruments dem Umstand Rechnung getragen werden, daß es sich um vergleichsweise geringe Beträge pro Einzelfall handelt. Ein hoher Bearbeitungsaufwand senkt auf seiten potentieller Beteiligungsgeber die Bereitschaft für erwünschte Engagements. Daher sollte auf eine solche Subventionierung verzichtet werden.

4.3 Maßnahmen zur Förderung der Schnittstellenübergänge im Innovationsprozeß

4.3.1 Fördermodell "Industriepatenschaft"

4.3.1.1 Ausgangssituation

In der Biotechnologie sind Grundlagenforschung und Anwendungsorientierung eng miteinander verzahnt. Ein Instrument, die Grundlagenforschung und den wissenschaftlichen Nachwuchs sowie den Ausbau apparativer Kapazitäten zu fördern und die Forschung anwendungsorientierter zu gestalten, sind die ab 1982 gegründeten Genzentren in Köln, Heidelberg, München und Berlin. Ihre Arbeit ist auf die Anwendung und breite Einführung neuer molekularbiologischer Techniken ausgerichtet. Neben den Genzentren gibt es weitere Instrumente, die auf eine engere Verbindung von Grundlagen- und anwendungsorientierter Industrieforschung ausgerichtet sind. Dazu zählen beispielsweise Verbundprojekte zwischen Hochschulen, außeruniversitären Forschungseinrichtungen und der Wirtschaft oder die Finanzierung von Doktoranden- oder Postdoktoranden-Stellen durch Unternehmen. Als weitere Möglichkeit, die Kooperation zwischen Wissenschaft und Wirtschaft zu intensivieren und die Schnittstellenübergänge zwischen biotechnologischer Grundlagenforschung und anwendungsorientierter Forschung zu optimieren, wird **die zeitlich befristete Einrichtung kleiner wissenschaftlicher Arbeitsgruppen**, deren Kosten zur Hälfte von der Industrie übernommen werden ("Industriepatenschaft"), vorgeschlagen.

4.3.1.2 Gegenstand des Fördermodells

Die Industriepatenschaft verfolgt folgende **Zielsetzungen**:
– Intensivierung der Kooperation zwischen Grundlagenforschung und Wirtschaft in der Biotechnologie,

- Förderung von anwendungsorientierter Forschung im Anschluß an die Grundlagenforschung,
- Engagement der Industrie in "prospektiver" biotechnologischer Grundlagenforschung auf hohem Niveau,
- Verstärkung der industriellen Bindungen an den Forschungsstandort,
- Sicherung des Know-hows hochqualifizierter Hochschulabsolventen, Schaffung von Beschäftigungsmöglichkeiten für hochqualifizierten Nachwuchs,
- Ausbau der Wissensbasis für Biotechnologie im jeweiligen Bundesland.

Um die Ziele der Maßnahme zu erreichen, biotechnologische Forschungsarbeiten an der Schnittstelle zwischen Grundlagen- und angewandter Forschung zu initiieren und zu intensivieren, müssen die entsprechenden Themen für die Industrie so interessant sein, daß die Unternehmen sich langfristige Wettbewerbsvorteile daraus versprechen und zu finanziellem Engagement bereit sind. Andererseits müssen die Arbeiten aber so grundlagenorientiert sein, daß sie sich wissenschaftlich auszahlen und Publikationen, Promotionen bzw. Habilitationen ermöglichen. Um beide Interessen zu vereinen, bieten sich Themen aus den Schnittstellen der Biotechnologie zu anderen Wissenschaftsgebieten an, z. B. Katalyse, Biomimetik und Bionik, die als wichtige Technologien am Beginn des 21. Jahrhunderts genannt werden.

Fördergegenstand der Industriepatenschaft sollte sein:
- Förderung prospektiver Forschung an der Schnittstelle zwischen Grundlagen- und anwendungsorientierter Forschung,
- Förderung des wissenschaftlichen Nachwuchses an Hochschulen und anderen Forschungseinrichtungen.

Als **Antragsberechtigte** kommen universitäre und außeruniversitäre Forschungseinrichtungen (Hochschulen, Max-Planck-Institute, Institute der Fraunhofer-Gesellschaft, der Helmholtz-Gemeinschaft usw.), potentielle Gruppenleiter, sofern sie die Unterstützung eines Instituts und eines Industrieunternehmens nachweisen können und Industrieunternehmen mit dem Nachweis einer Institutskooperation in Betracht. Die "gastgebende" Forschungseinrichtung definiert das Arbeitsgebiet gemeinsam mit dem Industrieunternehmen, dessen Finanzierungszusage über 50 Prozent der anfallenden Kosten vorliegen muß. Pro Forschungseinrichtung sollten nicht mehr als zwei entsprechende Arbeitsgruppen gefördert werden.

Die **Kosten** der wissenschaftlichen Arbeitsgruppe (Personalkosten, Investitionen, Sachkosten) werden für die gesamte Laufzeit zu 50 Prozent durch das kooperierende Unternehmen und zu 50 Prozent durch das Bundesland übernommen.

4.3.1.3 Art und Umfang der Förderung

Jedes Jahr sollte mit Stichtag die **Ausschreibung von kleineren Arbeitsgruppen** erfolgen. Diese bestehen in der Regel aus einem Postdoktoranden mit Habilitationsabsicht, zwei Doktoranden und einem technischen Angestellten (die Bezeichnungen gelten auch für die weibliche Form). Die Anträge sollten nach formaler Prüfung hinsichtlich ihrer wissenschaftlich-technischen Zielsetzung und des vorgelegten Arbeits- und Kostenplanes wissenschaftlich begutachtet werden (vergleichbar einem Antrag bei der Deutschen Forschungsgemeinschaft). Der Zusammensetzung des Gutachtergremiums sollte großes Gewicht beigemessen werden, da von ihm in entscheidendem Maße die Qualität und Akzeptanz der Fördermaßnahme abhängen. Zur Hälfte der Laufzeit des Vorhabens ist eine Zwischenbegutachtung vorzusehen. Die maximale Laufzeit einer Arbeitsgruppe sollte sechs Jahre nicht überschreiten. Die Standorte der Arbeitsgruppen ergeben sich im Wettbewerb.

Es ist davon auszugehen, daß **pro Arbeitsgruppe ein jährlicher Finanzbedarf von ca. 500.000 DM** entsteht. Davon entfallen ca. 250.000 DM als Zuwendungsanteil auf das Bundesland. Bei vier Arbeitsgruppen im ersten Jahr und einem Förderbeginn für vier weitere Gruppen im zweiten Jahr ergibt sich ein Zuwendungsbedarf von ca. einer Mio. DM im ersten Jahr und ca. zwei Mio. DM im zweiten Jahr der Laufzeit dieser Fördermaßnahme.

Auf Industrieseite besteht die **Zielgruppe** der vorgeschlagenen Maßnahme vornehmlich aus etablierten mittelständischen Biotechnologieunternehmen und aus Großunternehmen des Chemie- und Pharmasektors. Für junge und kleine Unternehmen dürfte der mit der Industriepatenschaft verbundene jährliche finanzielle Aufwand zu groß sein.

4.3.1.4 Bewertung des Maßnahmenvorschlages

Ohne eine Begrenzung auf vorgegebene Themengebiete wären bei der Konzeption der Industriepatenschaft Mitnahmeeffekte nicht auszuschließen, da bereits heute Postdoktoranden-Stellen zu 100 Prozent aus Industriemitteln finanziert werden. Eventuell werden durch die Nutzung des Verbilligungseffektes der Maßnahme aber mehr Stellen geschaffen, als ohne die Förderung eingerichtet würden. Bei einer denkbaren Alternative, nur Postdoktoranden-Stellen durch das Wirtschaftsministerium zu fördern, wäre der Mitnahmeeffekt aber sicherlich größer.

Dem Förderziel, das Engagement der Industrie in "prospektiver" Grundlagenforschung zu stärken, könnte durch eine explizite **Benennung von zu fördernden Technikgebieten** nähergekommen werden. Die thematische Eingrenzung sollte durch das Gutachtergremium in Abstimmung mit den Wirtschafts- und Kultusministerien (Hochschulforschung) vorgenommen werden und die Basis für die jährliche Ausschreibung bilden. Die thematische Ausrichtung ist entsprechend dem wissenschaftlichen Fortschritt anzupassen, wobei nicht davon auszugehen ist, daß im Bereich "prospektiver", d. h. eher mittel- bis langfristig marktreifer Technologien, eine jährliche Anpassung erforderlich ist. Ein geeigneter Zeitraum wären drei bis fünf Jahre.

Der Erfolg und die Durchsetzung der Maßnahme wird wesentlich davon abhängen, wie die wissenschaftlichen und industriellen Interessen innerhalb der Arbeitsgruppen in Einklang gebracht werden können. Die Möglichkeit zur Habilitation des Gruppenleiters und zu wissenschaftlichen Veröffentlichungen oder auch die Frage der Patentierung von Forschungsergebnissen müssen einvernehmlich und vor der Förderbeantragung zwischen den beiden Parteien geklärt werden. Gerade im Bereich der angestrebten "prospektiven" Forschung dürfte es besonders gut möglich sein, die strategischen Interessen der Unternehmen mit denen der Wissenschaftler zu verbinden. Diese Fragen (einschließlich der Patentierung) berühren auch andere Formen der Kooperation zwischen Industrie und Wissenschaft und stellen auch dort kein unüberwindliches Problem dar. Es muß deshalb den jeweiligen Parteien vorbehalten bleiben, mögliche Probleme zu diskutieren und ggf. vertraglich zu regeln.

Das Modell "Industriepatenschaft" stellt ein innovatives und auf die Erfordernisse der biotechnologischen Forschung und Entwicklung abgestimmtes Förderinstrument dar, das einen wichtigen Beitrag zur Sicherung und weiteren Qualifizierung des wissenschaftlichen Nachwuchses an Hochschulen und Forschungseinrichtungen leisten kann und Biotechnologieunternehmen die Möglichkeit eröffnet, durch frühzeitigen Einstieg in prospektive Forschungsgebiete künftig einen Wettbewerbsvorsprung zu erlangen.

4.3.2 Förderprogramm "Gemeinschaftsinnovation"

4.3.2.1 Ausgangssituation

Bestehende Landesförderprogramme sind in der Regel darauf ausgerichtet, die Innovationsaktivitäten des Mittelstandes in allen Phasen des Innovationsprozesses durch Zuschüsse und Darlehen zu fördern. Dabei werden die technischen Realisierungschancen des zu fördernden Vorhabens bei der Bewertung der Förderungswürdigkeit berücksichtigt. Dennoch erfolgt die Förderung segmentiert, d. h. das einzelne FuE-Projekt steht im Mittelpunkt der Förderbewertung und nicht die Einbettung einzelner Vorhaben in den gesamten Innovationsprozeß. Um neue Produkte oder Verfahren erfolgreich am Markt einzuführen, bedarf es einer ganzheitlichen Betrachtung bereits zum Beginn des Innovationsvorhabens, die die Konzeptentwicklung genauso einschließt wie das Scaling-up, die Erschließung der Absatzmärkte und die Markteinführung sowie Marktetablierung (vgl. Abschnitt 4.1). Darüber hinaus sind gerade kleine und mittlere Unternehmen darauf angewiesen, in verschiedenen Phasen des Innovationsprozesses mit unterschiedlichen Partnern zusammenzuarbeiten, da das gesamte erforderliche Know-how aus Kompetenz- und Kostengründen nicht im eigenen Unternehmen vorgehalten werden kann (z. B. Grundlagenforschung, Nutzung von Spezialgeräten, Testverfahren, Überführung vom Labor- in den Produktionsmaßstab, weltweite Vermarktung). Erfahrungen, z. B. aus dem Modellversuch TOU des ehemaligen BMFT, zeigen, daß eine Reihe von Unternehmen scheiterte, weil sie sich nicht bzw. nicht frühzeitig genug um die produktionstechnische und vertriebsstrategische Umsetzung ihres Innovationsvorhabens gekümmert haben. Die Optimierung dieser "Schnittstellenübergänge" bestimmt in nicht unerheblichem Maße den Markterfolg einer Innovation. Um diese Optimierung zu erreichen, sollte sich eine Förderentscheidung daran orientieren, ob für die dem beantragten FuE-Projekt nachgelagerten Phasen plausible Konzepte, Finanzierungsnachweise oder Kooperationsverträge vorliegen. Die Förderempfänger sollen bereits zum Beginn des Innovationsvorhabens dazu bewegt werden, die Voraussetzung für eine produktionstechnische Umsetzung (Scaling-up) ihrer Idee zu schaffen und sich mit der Vermarktung und Marktdiffusion auseinanderzusetzen.

In den USA sind aufgrund des "Small Business Innovation Development Act" elf amerikanische Bundesbehörden und ähnliche Einrichtungen, die jeweils mehr als 100 Mio. $ pro Jahr aus Bundesmitteln für FuE-Aufträge bzw. FuE-Zuwendungen vergeben, gesetzlich verpflichtet, bis zu 1,25 Prozent dieser Mittel für kleine und mittlere Unternehmen (bis 500 Beschäftigte) zur Verfügung zu stellen. Auf das Department of Defense, die National Aeronautics and Space Administration (NASA), das Department of Health and Human Services, das Department of Energy und die National Science Foundation (NSF) entfallen dabei mehr als 90 Prozent der Mittel. Pro Jahr stehen etwa 500 Mio. $ für die KMU-Förderung zur Verfügung (vgl. United States General Accounting Office 1992).

Ziele des Gesetzes sind u.a.
- die Stimulierung von technologischen Innovationen,
- die Beteiligung von kleinen und mittleren Unternehmen an staatlichen FuE-Aufträgen und
- die Steigerung von erfolgreichen Umsetzungen staatlicher FuE in die industrielle Praxis.

Das Förderkonzept und die Richtlinien des Small Business Innovation Research (SBIR-) Programms sind für alle elf beteiligten Behörden und Agenturen gleich. Die Small Business Administration überwacht die Projektdurchführung und ist für die Erstellung der Förderleitlinien verantwortlich. Die Antragsabwicklung und Mittelüberwachung erfolgt aber in Eigenregie durch die einzelnen Behörden, die jeweils verschiedene Förderschwerpunkte repräsentieren. Das Programm wird in drei Phasen abgewickelt:

- Phase 1: Erstellung eines Pflichtenheftes für die nachfolgenden FuE-Arbeiten (maximal 50.000 $ für 6 Monate),

- Phase 2: Erstellung eines ersten, nicht marktreifen Prototypen bzw. Labormusters (maximal 500.000 $ für zwei Jahre),

- Phase 3: Weiterentwicklung des FuE-Vorhabens bis zur Marktreife.

Während für die Phasen 1 und 2 staatliche Zuschüsse gewährt werden, wird die Phase 3 nicht durch den Staat gefördert. Die Förderung der Phase 2 ist daran gebunden, daß Phase 1 erfolgreich abgeschlossen wurde und mit dem Förderantrag für die Phase 2 verbindliche Verpflichtungserklärungen von Kapitalgebern, anderen Industrieunternehmen oder Vertriebsorganisationen vorgelegt werden, die sicherstellen sollen, daß die Weiterentwicklung gesichert ist.

Unternehmen können sich in jährlichen Ausschreibungsrunden mit Stichtag um eine Förderung nach dem SBIR-Programm bewerben. Von etwa 21.000 Projektvorschlägen für die Phase 1 werden etwa 2.000 bewilligt. Nach einer internen Kontrolle in der jeweiligen Behörde erfolgt eine externe Begutachtung der Anträge. Das Antragsverfahren dauert etwa sechs Monate, so daß bei einem Antragstermin im Juni die Arbeiten im Januar des folgenden Jahres aufgenommen werden können.

Nach ersten Schwierigkeiten in der Phase 3 (Suche nach Kooperationspartnern, die eine Verpflichtungserklärung für die Beteiligung an der Weiterführung des Innovationsvorhabens abgeben), die aber mit zunehmendem Bekanntheitsgrad des Programms geringer wurden, ist diese Maßnahme in den USA sehr erfolgreich und erreicht vor allem auch kleine und neu gegründete Unternehmen. Durchschnittlich arbeiten in den geförderten Unternehmen 25 Mitarbeiter. Sektorale Schwerpunkte stellen die Informations- und Kommunikationstechnik, die Materialtechnik, die Biotechnologie und die Lasertechnik/Optoelektronik dar. Da dieses Programm auf die Bewältigung von Schnittstellenübergängen ausgerichtet ist, bildet es die Grundlage für die nachfolgenden Beschreibung eines Förderprogramms "Gemeinschaftsinnovation" in der Biotechnologie[9]. Mit dem Begriff **"Gemeinschafts-**

---

[9] Neben der Biotechnologie eignet sich das vorgeschlagene Förderprogramm auch für andere, aus Landessicht förderungswürdige Technikgebiete.

innovation" soll ausgedrückt werden, daß der Innovationsprozeß gemeinschaftlich, d. h. mit verschiedenen Kooperationspartnern bewältigt werden muß und unter dieser ganzheitlichen Betrachtung Innovationsvorhaben gefördert werden sollen. Das Programm kann das bestehende Förderinstrumentarium der Bundesländer ergänzen. Der Anreiz, eine Förderung nach diesem Programm zu beantragen, sollte durch eine im Vergleich zu anderen Programmen deutlich höhere Fördersumme und Förderquote gegeben werden. Die nachfolgend angegebenen Förderhöchstbeträge stellen Orientierungswerte für mögliche Fördersummen und -quoten dar.

4.3.2.2   Gegenstand des Förderprogramms

Das Förderprogramm "Gemeinschaftsinnovation" verfolgt folgende *Zielsetzungen:*

- Stimulierung technologischer Innovationen in der Biotechnologie,

- Förderung von Forschungs-, Entwicklungs- und Vertriebskooperationen,

- Steigerung der erfolgreichen Umsetzung staatlich geförderter Forschung und Entwicklung in die industrielle Praxis.

Gegenstand der Förderung ist die Entwicklung und Umsetzung neuer biotechnologischer Entwicklungen in vermarktungsfähige Produkte und Verfahren und deren Markteinführung. Das Programm richtet sich an kleine und mittlere Unternehmen mit Sitz in dem jeweiligen Bundesland, die Forschungs- und Entwicklungsarbeiten in der Biotechnologie durchführen. Die Abgrenzung dieser Unternehmensgruppe (Obergrenzen für Beschäftigte bzw. Umsatz) sollte sich an den in den Förderprogrammen des Landes üblichen Kriterien orientieren. Finanziert werden können alle im Zusammenhang mit einem Innovationsvorhaben für die Konzeptentwicklung, die Produkt- oder Verfahrensentwicklung, Vermarktungsvorbereitung (z. B. Test- und Zulassungsverfahren) und Markteinführung stehenden Aufwendungen, insbesondere Betriebsmittel.

4.3.2.3   Art und Umfang der Förderung

Es wird ein Förderprogramm vorgeschlagen, das in seiner Struktur dem SBIR-Programm entspricht. Die Maßnahme bezieht sich auf drei Phasen:

– Phase 1:

Unterstützung erster Entwicklungsarbeiten mit dem Ziel, die Machbarkeit eines FuE-Projektes nachzuweisen und ein detailliertes Pflichtenheft für die nachfolgenden FuE-Arbeiten zu erstellen. Dauer der Förderung maximal sechs Monate bei einem Zuschuß von maximal 50.000 DM. Die Förderquote sollte maximal 75 Prozent betragen.

– Phase 2:

Nach erfolgreichem Abschluß der Arbeiten in der Phase 1 wird die Erstellung eines ersten, nicht marktreifen Prototypen/Labormusters gefördert. Um den Erfordernissen biotechnologischer Innovationsvorhaben gerecht zu werden, sollte die Dauer der Förderung maximal drei Jahre betragen und als Zuschuß in Höhe von maximal einer Mio. DM der zuschußfähigen Kosten gewährt werden. Auch hier wird eine Förderquote von maximal 75 Prozent vorgeschlagen, damit das Programm einen substantiellen Beitrag zur Innovationsfinanzierung in kleinen und mittleren Biotechnologieunternehmen leisten kann. Die Fördervoraussetzungen für die Phase 2 sind in Phase 3 beschrieben.

– Phase 3:

Die Weiterentwicklung von Prototypen/Labormustern bis zur Marktreife wird <u>nicht</u> durch staatliche Zuschüsse gefördert. Sie soll durch
– Eigenmittel,
– private Risikokapitalgeber,
– andere Industrieunternehmen als Kooperationspartner oder
– Vertriebsgesellschaften
finanziert bzw. per Lizenz- oder Vertriebsvertrag unterstützt werden.

Der Nachweis eines bzw. mehrerer Kooperationspartner für diese Phase hat durch die Vorlage einer entsprechenden verbindlichen Verpflichtungserklärung inklusive einer technisch-ökonomisch begründeten Konzeption für die Vermarktung *vor Beginn der Phase 2* zu erfolgen. Die für die Phase 3 notwendigen Aufwendungen sind genau zu beziffern. Die Plausibilität dieser Aufstellung ist eine *Voraussetzung für die Förderung in Phase 2*. Eine Selbstfinanzierung der Phase 3 durch das geförderte Unternehmen ist beim Vorhandensein vergleichsweise hoher finanzieller Mittel im Unternehmen möglich. In diesem Fall ist mit dem Förderantrag für die Phase 2 ein alternatives Finanzierungskonzept für den Fall, daß die Selbstfinanzierung scheitert, vorzulegen. Die Struktur des Programms wird in Abbildung 4-1 dargestellt.

Abb. 4-1:   Förderprogramm Gemeinschaftsinnovation

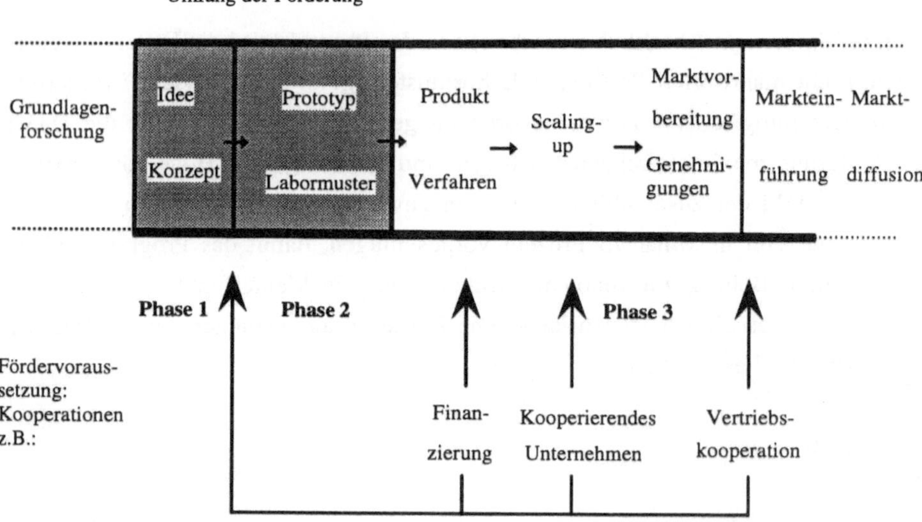

Im Gegensatz zum amerikanischen SBIR-Programm sollte im Förderprogramm "Gemeinschaftsinnovation" ein zeitlich offener Zugang möglich sein, d. h. Anträge sind zu jedem Zeitpunkt und nicht nur zu einem Stichtag einreichbar. Dieses Verfahren erscheint insofern vertretbar, da pro Bundesland mit einer weit geringeren

Zahl von Förderanträgen zu rechnen ist als in den USA und diese auch laufend bearbeitet werden können.

Der **Zuwendungsbedarf** durch das Land beträgt bei 20 angenommenen Förderfällen, die eine sehr optimistische Einschätzung der Nachfrage nach diesem Förderprogramm darstellen, im ersten Jahr ca. eine Mio. DM (20 x 50.000 DM für Phase 1). Im zweiten Jahr ergibt sich bei 20 Neueinsteigern und zehn Förderfällen für die Phase 2 ein Zuwendungsbedarf von etwa 4,5 Mio. DM, wobei eine Gleichverteilung der Mittel über die drei Jahre angenommen wird (20 x 50.000 DM für Phase 1 und 10 x 350.000 DM für Phase 2).

Als **Alternative** zu diesem Vorschlag wäre eine Variante denkbar, die sich stärker an das bestehende Förderspektrum in den einzelnen Bundesländern anlehnt. In dieser Variante muß der Einstieg in die Förderung nicht mit der Erstellung des Pflichtenheftes beginnen, sondern kann auch in einem späteren Innovationsstadium erfolgen. Staatliche Förderung (Zuschüsse) ist auch für die Weiterentwicklung von Labormustern bzw. Prototypen (z. B. durch Zuwendungen für Demonstrationsvorhaben und -anlagen, klinische Tests, Zulassungsverfahren) bis hin zur Vermarktung und Marktdiffusion (Darlehen) möglich. Voraussetzung einer Förderung ist, daß verbindliche Verpflichtungserklärungen zur Finanzierung bzw. technischen Realisierung der nachfolgenden Phasen zusammen mit dem Förderantrag vorgelegt werden (z. B. Nachweis zur Finanzierung des Scaling-up, Marktkonzept), woraus die Weiterführung des Innovationsvorhabens bei erfolgreichem Abschluß des geförderten Entwicklungsschritts ersichtlich wird. Diese Weiterführung muß aber nicht unbedingt im eigenen Unternehmen erfolgen (z. B. Übernahme der abgeschlossenen Entwicklung durch eine Vertriebsgesellschaft). Ein Fördereinstieg erst zur Vermarktung ist nicht möglich. Die Bewertung eines Förderantrages muß sich auf mindestens zwei Stadien im Innovationsprozeß erstrecken. Pro Unternehmen können Anträge für maximal zwei unterschiedliche Stadien im Innovationsprozeß eingereicht werden, wobei die Förderung für zwei Stadien nur zusammen beantragt werden kann. Zuschüsse oder Darlehen werden bis maximal eine Mio. DM pro Einzelantrag gewährt. Bei der Beantragung von zwei Stadien liegt die Förderhöchstgrenze bei maximal 1,5 Mio. DM für beide Phasen. Als Förderquote werden ebenfalls maximal 75 Prozent vorgeschlagen. Ansonsten gelten die Konditionen der Innovationsförderprogramme der Bundesländer.

4.3.2.4 Bewertung des Maßnahmenvorschlages

Das Programm Gemeinschaftsinnovation ist **ein im Förderinstrumentarium des Bundes und der Länder weitgehend neues Konzept** und setzt in der Frühphase des Innovationsprozesses an. Es könnte das bestehende Förderangebot sinnvoll ergänzen. Mit dem Programm soll bewußt die Kooperation zwischen verschiedenen Innovationspartnern gefördert werden ("Gemeinschaftsinnovation"). Die Weiterentwicklung von Prototypen/Labormustern soll dagegen dem Markt überlassen bleiben. Die FuE- sowie Vermarktungskooperationen müssen aber bereits zum Beginn des Vorhabens (Fördervoraussetzung für Phase 2) verbindlich festgelegt sein. Das Programm kann nur dann seine Zielsetzung erreichen, wenn gewährleistet ist, daß eine zusätzliche staatliche Förderung der Phase 3 für ein bereits nach Phase 1 und 2 gefördertes Innovationsvorhaben ausgeschlossen wird. Die Inanspruchnahme von Fördermitteln für die Phase 3 sollte nur dann möglich sein, wenn die im Rahmen des Programms "Gemeinschaftsinnovation" gewährten Zuschüsse zurückgezahlt werden.

Der Alternativvorschlag stellt eine spezifische, eigenständige Variante bestehender Innovationsförderprogramme in den Bundesländern dar. Es können Vorhaben in allen Stadien des Innovationsprozesses gefördert werden, wobei die Förderentscheidung stärker als in existierenden Programmen von der weiteren Fortführung und Umsetzung des Vorhabens abhängig gemacht wird. Dieses alternativ vorgeschlagene Förderkonzept wird erhebliche Überschneidungen mit den Förderrichtlinien der bestehenden Programme aufweisen. Wegen der unterschiedlichen Innovationsfördermaßnahmen in den einzelnen Bundesländern kann an dieser Stelle auf Einzelheiten nicht eingegangen werden. Es könnte aber auf Bundesländerebene geprüft werden, ob einzelne Programme dem Kooperationsbedarf von KMU in ihren Vergaberichtlinien künftig stärker Rechnung tragen sollten und auch solche Innovationsvorhaben fördern, die in Zusammenarbeit mit anderen Unternehmen bzw. Vertriebsgesellschaften bearbeitet werden.

Bei einem neuen Förderprogramm stellt sich die Frage, in welchem Rahmen die Förderbegutachtung und die **administrative und finanzielle Abwicklung** erfolgen soll. Im vorliegenden Fall hängt die Antwort davon ab, ob vorwiegend biotechnologische Innovationen gefördert werden sollen, oder ob das Programm von seiner technischen Ausrichtung breiter angelegt wird. Wird der Schwerpunkt auf die Biotechnologie gelegt, sollte der technische und administrative Sachverstand von Projektträgern genutzt werden, die bereits in der Biotechnologie aktiv sind. Im Rahmen einer Ausschreibung könnten sich diese um die Projektträgerschaft für das Programm bewerben. Da der Zeitraum zwischen dem Ende der Phase 1 und dem Beginn der Phase 2 möglichst kurz (d. h. unter einem halben Jahr) gehalten werden sollte, wird empfohlen, in diesem Programm eine eingleisige Förderbegutachtung vorzusehen und die technische und finanzielle Prüfung sowie Verantwortung in einer Verwaltungseinheit zu konzentrieren.

Der Innovationsprozeß ist nicht nur durch Forschungskooperationen, sondern auch durch die Zusammenarbeit von Unternehmen in der produktionstechnischen Vorbereitung und im Vertrieb gekennzeichnet. Die meisten Förderprogramme haben dieser Situation bislang zuwenig Beachtung geschenkt. Ohne die Betrachtung eines Innovationsvorhabens als ganzheitlichen Prozeß (Gemeinschaftsinnovation), der es erforderlich macht, schon zum Beginn der Forschungs- und Entwicklungsarbeiten Klarheit über Produktionsmöglichkeiten und Vertriebskanäle zu haben, können Vorhaben oder gar Unternehmen scheitern. Vor allem in der Bio- und Gentechnologie sind kleine Unternehmen auf die Zusammenarbeit mit größeren Unternehmen und Vertriebsorganisationen angewiesen (z. B. im Bereich Therapeutikaentwicklung). Wie in den USA beim SBIR-Programm ist auch in Deutschland mit Anlaufproblemen, vor allem hinsichtlich der Bereitschaft, Verpflichtungserklärungen für die Phase 3 abzugeben, zu rechnen. Mit zunehmendem Bekanntheitsgrad des Programms dürften sich aber diese möglicherweise eintretenden Schwierigkeiten verringern. Das Programm "Gemeinschaftsinnovation" kann helfen, die ganzheitliche Orientierung im Innovationsprozeß, gerade in kleineren Unternehmen, zu fördern und zu einer Stabilisierung und Verbreiterung der Unternehmensbasis in der Biotechnologie in Deutschland beizutragen.

4.4 Kooperationsförderung für kleine und mittlere Biotechnologieunternehmen: Biotechnologischer Innovationsberatungs- und Vermittlungsdienst (BIVD)

4.4.1 Ausgangssituation

Wie bereits mehrfach ausgeführt wurde, lassen sich gerade in kleinen und mittleren Biotechnologieunternehmen Innovationsvorhaben oftmals nur über die Zusammenarbeit mit anderen Partnern realisieren (z. B. Beteiligungsgesellschaften, andere Unternehmen, Vertriebsgesellschaften). Darüber hinaus besteht ein Informations- und Beratungsbedarf, der von Technik- und Marktanalysen bis hin zur Erstellung von Unternehmenskonzepten reicht (vgl. Abschnitt 2.2.5). Unternehmensgründer besitzen oftmals nicht die erforderlichen kaufmännischen Kenntnisse, ein Unternehmen erfolgreich zu führen. Nicht selten scheitern technisch erfolgversprechende Innovationsvorhaben (oder sogar Unternehmen), weil der Aufwand für die Markteinführung und das Marketing der Produkte falsch eingeschätzt wurde (vgl. Pleschak et al. 1994). Daher wird trotz des in den cinzelnen Bundesländern bestehenden Angebots an Informations-, Transfer- und Beratungsangeboten die Einrichtung eines auf die spezifischen Bedürfnisse von Biotechnologieunternehmen ausgerichteten Innovationsberatungs- und Vermittlungsdienstes (BIVD) vorschlagen. Dieser sollte Innovationsvorhaben in Unternehmen von Beginn an begleiten und den Unternehmen ein innovationsphasenspezifisches Informations-, Beratungs- und Kooperationsangebot zur Verfügung stellen.

Ein wichtiger Ansatz bei der Konzeption des BIVD liegt in der Überlegung, inwieweit sich die Elemente bestehender Beratungs- und Transfersysteme auf die Bedürfnisse und besonderen Merkmale der Biotechnologieunternehmen anpassen lassen. Folgende Aspekte sollten im Hinblick auf eine Hilfe zur Selbsthilfe für Biotechnologieunternehmen überdacht werden:

– Sind die erforderlichen Elemente für eine praxisnahe, effiziente und schließlich erfolgreiche Förderung von Biotechnologieunternehmen im bestehenden Transfersystem des Landes bereits vorhanden oder müssen weitere Bausteine hinzugefügt werden? Inwieweit lassen sich vorhandene Strukturen und Stellen an die Bedürfnisse dieser Unternehmen anpassen?

– Inwieweit reicht die fachliche und koordinative Kompetenz der bestehenden Einrichtungen aus, um den besonderen Anliegen und Problemen der Biotechnologieunternehmen gerecht zu werden?

– Auf welchem Wege und in welchem Zeit- und Budgetrahmen läßt sich das bestehende Transfer- und Beratungsangebot an die Belange von Biotechnologieunternehmen anpassen?

Die im nächsten Abschnitt im einzelnen vorgeschlagenen Maßnahmen verfolgen das Ziel, möglichst aufbauend auf bestehenden Transfer-Konzepten eine Hilfe zur Selbsthilfe für kleine und mittlere Biotechnologieunternehmen zu implementieren, die den Besonderheiten gerade dieser Unternehmensgruppe entgegenkommen.

4.4.2 Leitidee und Aufgabe des Innovationsberatungs- und Vermittlungsdienstes

Das Konzept des Biotechnologischen Innovationsberatungs- und Vermittlungsdienstes (BIVD) basiert auf einem ganzheitlichen Ansatz mit Querschnittcharakter. Es geht davon aus, daß eine besondere Schwachstelle der innovierenden kleinen und mittleren Biotechnologieunternehmen in einem unzureichenden Innovationsmanagement liegt.

- Die **Zielgruppe** sind kleine und mittlere Biotechnologieunternehmen und Existenzgründer. Betroffen ist die gesamte Szene der Biotechnologie einschließlich der Großunternehmen als auch der öffentlichen und privaten Forschungsstätten.

- Der Begriff Innovation deckt hierbei den gesamten Innovationsprozeß ab, der im klassischen Sinne bei der Erfindung und Produktidee beginnt und bis zur Marktetablierung des Produktes reicht. Deshalb muß auch die Beratung und Kooperationsvermittlung phasenspezifisch erfolgen.

Im Laufe des Innovationsprozesses wird in einem Unternehmen entsprechend den jeweiligen Erfordernissen mit unterschiedlichen Partnern kooperiert oder zusammengearbeitet und die jeweiligen Maßnahmen werden in projektifizierbaren Einzelschritten bzw. Einzelabläufen abgewickelt. Separate Prozeßschritte können jeweils im Rahmen öffentlicher Programme gefördert werden. Das Innovationsmanagement des Unternehmens kann dabei durch einen Innovationsberatungs- und Vermittlungsdienst partnerschaftlich unterstützt werden, dessen Leistungen ebenfalls institutionell und/oder als Dienstleistungsprojekte öffentlich bezuschußt werden können. Ein solcher Innovationsberatungs- und Vermittlungsdienst kann weitgehend nur regional, d. h. innerhalb eines Bundeslandes, mit Erfolg wirksam werden, da kleine und mittlere Unternehmen erfahrungsgemäß mit solchen Stellen im regionalen Kontext aufgrund kurzer Verbindungen und Wege effizienter agieren und kooperieren (vgl. Abbildung 4-2).

Der BIVD soll danach wie "eine Spinne im Netz" wirken, wobei das Netzwerk aus einer Vielzahl potentieller Kooperationspartner aus dem Unternehmens- und Forschungsbereich, dem Finanzierungsbereich, wichtigen Infrastruktureinheiten und anderen bestehen muß. Diese Institutionen können im jeweiligen Bundesland, aber auch in anderen Teilen Deutschlands sowie international angesiedelt sein. Zugeschnitten auf das jeweilige Unternehmen und das dort ablaufende Innovationsvorhaben wäre es die Aufgabe des BIVD, dem Unternehmensmanagement bei der Aufstellung eines Innovationsablaufplanes zu helfen, auf dessen Grundlage projektifizierte und bezuschußte Einzelmaßnahmen in die Wege geleitet werden können (z. B. im Rahmen des vorgeschlagenen Programms "Gemeinschaftsinnovation"). Bei der Durchführung dieser Einzelprojekte unterstützt der BIVD durch begleitende Unterstützung und Koordination, Vermittlung von Kooperationspartnern, Beantragung von Fördermitteln u. a. Grundsätzlich ist die Zusammenarbeit des Unternehmens und des BIVD für eine längere Zeitdauer angelegt.

Der BIVD kann diese Netzwerkfunktion sowohl aktiv initiierend als auch reaktiv auf Ansprache ausüben. Wichtig ist, daß seine Mitarbeiter einen "guten Riecher" für aussichtsreiche Gemeinschaftsprojekte bzw. Projektkooperationen haben, deren Ablauf sie dann begleitend unterstützen.

Abb. 4-2:   Biotechnologischer Innovationsberatungs- und Vermittlungsdienst

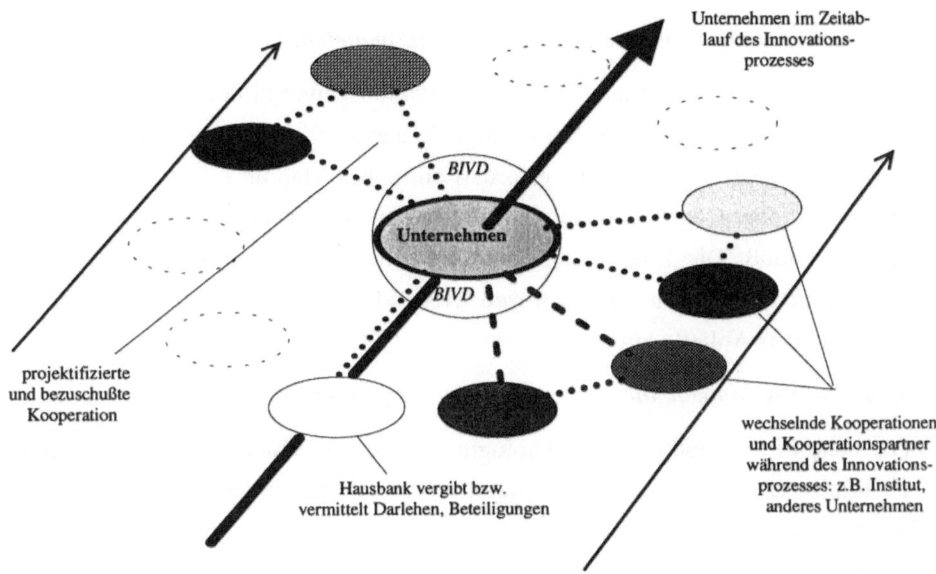

Die Netzwerkfunktion des BIVD beschränkt sich nicht nur auf initiierende und ko-
ordinierende Aufgaben im Rahmen der Innovationsprozesse in Biotechnologieunternehmen. Sie werden jedoch einen Schwerpunkt der Arbeiten darstellen, die in ein
übergeordnetes Aufgabenpaket eingebettet sind:

– Verbesserung der Akzeptanz und Rahmenbedingungen mit dem Ziel der ver-
stärkten Nutzung der Biotechnologie,

– Stärkung des Technologietransfers durch Verbesserung der Kooperationen von
Wissenschaft, Wirtschaft und Verwaltung,

– Sicherung der Grundlagenforschung und angewandten Forschung durch verstärk-
te industrielle Nachfrage,

– Maßnahmen zur Technikfolgenabschätzung und

– Öffentlichkeitsarbeit.

Aus den möglichen Aufgaben des biotechnologischen Innovationsberatungs- und Vermittlungsdienstes resultieren folgende Anforderungen an seine **Kompetenzen**:

– *Management- , Koordinations- und Planungskompetenz*

Die in der Regel äußerst langwierigen Innovationszeiten biotechnologischer Produktentwicklungen und die Notwendigkeit der Auflösung dieses Prozesses in projektifizierbare Einzelschritte erfordert ein hohes Maß an Leitungskompetenz, die insbesondere auch das Instrumentarium moderner Planungstechniken einschließen muß. Die Einbindung einer Vielzahl von Kooperationspartnern und Institutionen in den Innovationsprozeß setzt zudem die Fähigkeit der Koordination komplexer Abläufe voraus.

– *Kompetenz in biotechnologischen Fragestellungen und Projekten*

Die neue bzw. moderne Biotechnologie ist eine vielschichtige interdisziplinäre Fachrichtung. Sie ist eine relativ junge Wissenschaft und äußerst komplex. Um die Aufgaben des BIVD sachgerecht erfüllen zu können, bedarf es unbedingt hoher Fachkompetenz. Sie sollte durch verfahrenstechnische Fachkenntnisse ergänzt werden.

– *Kompetenz in Finanzierungsfragen*

Auf die Hemmnisse für ein verstärktes Angebot an Beteiligungs- und Fremdkapital ist bereits hingewiesen worden (vgl. Kapitel 4.1). Ein BIVD sollte bei der Kapitalbeschaffung für die Unternehmen und Existenzgründer aktiv helfen können. Diese Dienste brauchen sich nicht nur auf die Kontaktvermittlungen zu entsprechenden Beteiligungsgesellschaften zu beschränken, sondern könnten durchaus die Akquisition von privaten Finanzquellen auf in- und ausländischen Märkten einschließen.

– *Juristische und verwaltungstechnische Kompetenz*

Biotechnologieunternehmen müssen für die Sicherheitstufen 1 und 2 ihrer Unternehmen aufwendige öffentliche Auflagen erfüllen und Genehmigungen einholen. Das gleiche gilt für die Zulassung von Produkten, die auf der Basis rekombinanter DNA bzw. rekombinanter Organismen hergestellt werden. Zusätzlich sind im Pharmabereich, im Lebensmittelbereich und anderen Sektoren die üblichen Vermarktungsgenehmigungen einzuholen. Hierzu bedarf es juristischer und verwaltungstechnischer Fachkenntnisse - auch in der Zusammenarbeit mit den

Behörden - , die ein kleines Biotechnologieunternehmen nicht selbstverständlicherweise aufweisen kann, so daß Hilfestellungen erforderlich werden können, die zumindest im Vorfeld von dem BIVD geleistet werden müßten.

Diese Kompetenzen können nicht allein von ein bis zwei Fachkräften, an die bei der personellen Ausstattung des BIVD gedacht wird, ausgefüllt werden. Die Aufgabe des BIVD wäre aber, eine Schwachstellenanalyse des Innovationsvorhabens zu erstellen und die jeweils notwendigen Fachkompetenzen intern oder extern bereitzustellen. Soweit das erforderliche Know-how außerhalb des BIVD verfügbar gemacht werden muß, sollte es durch entsprechende Fördermaßnahmen im Rahmen bestehender Beratungsprogramme oder durch ein eigenes Budget des BIVD aktiviert werden können.

4.4.3   Elemente und Kooperationspartner des BIVD

Die Elemente des BIVD sowie die Kooperationspartner und sonstigen Partner der Biotechnologieunternehmen ergeben sich weitgehend aus dem Konzept der Gemeinschaftsinnovation (vgl. Kapitel 4.3.2) und aus dem Anspruch des BIVD, den gesamten Innovationsprozeß begleiten zu wollen. Die wesentlichen **Elemente des BIVD** müssen die Aspekte des Innovationsprozesses ins Auge fassen, die als besondere Hürden und Defizite für kleine und mittlere Biotechnologieunternehmen erkennbar sind (vgl. Kapitel 4.1). Diese sind vor allem:

– *Unterstützung bei der Sicherstellung der Geschäftsgrundlage*

Mit diesem Element ist an eine Beratung und Hilfe bei der Festlegung des Tätigkeitsspektrums des Unternehmens insgesamt gedacht. Sie muß als strategische bzw. konzeptionelle Unterstützung der Unternehmensleitung angesehen werden. Das Engagement der Unternehmen zielt in der Regel auf reine Nischenmärkte mit begrenzten Sortimenten. Im Anlagen- und Gerätebau sind kundenspezifische Fertigungen üblich. Diese Tätigkeiten sind üblicherweise mit hohen Risiken behaftet, so daß eine Ausweitung der Geschäftsbasis durch "sichere" Aktivitäten, möglicherweise im Vertrieb, erwogen werden muß.

– *Planungs- und Koordinationsmanagement*

Die in der Regel lange Dauer des biotechnologischen Innovationsprozesses und die recht komplexen Facetten und Zusammenhänge der Abläufe machen ein langfristig angelegtes Planungs- und Koordinationsmanagement erforderlich, mit dem viele kleinere KMU potentiell überfordert sind.

– *Finanzierungsberatung*

Aufgrund der langen Produktvorlaufzeiten und der damit verbundenen Marktrisiken scheuen traditionelle Kapitalgeber und private Anleger vor Engagements zurück. Deshalb sind bei den oftmals vorhandene Finanzierungsengpässen von kleinen Unternehmen Finanzierungsstrategien erforderlich, die professionelles Handeln verlangen. Auf der Basis öffentlicher Anschubfinanzierungen werden in der Regel breit gefächerte Finanzierungsmischungen angestrebt, die sorgfältig abgestimmt und arrondiert sein müssen.

– *Hilfen im Rahmen von Genehmigungsverfahren*

Biotechnologieunternehmen unterliegen aufgrund erhöhter Sicherheitskriterien bei der Handhabung von rekombinanter DNA bzw. rekombinanter Organismen einer Reihe von Auflagen, die im Rahmen von oftmals aufwendigen Genehmigungsverfahren erfüllt werden müssen. Ähnliche Anforderungen werden regelmäßig an die Zulassung von pharmazeutischen und ähnlich sensiblen Produkten gestellt. Diese Verfahren müssen rechtzeitig eingeleitet und unterstützt werden, um die davon abhängigen Unternehmenstätigkeiten nicht aufgrund formaler Einwände zu blockieren.

– *Unterstützung bei der Bereitstellung von Geräten und Anlagen*

Biotechnologieunternehmen sind oftmals aus finanziellen Gründen oder aufgrund nur seltener Verwendungen gezwungen, Geräte und Anlagen außerhalb ihres Unternehmens zu nutzen, insbesondere für Analysetätigkeiten. Hierzu müßten unter Umständen Verträge mit möglichst im näheren Umkreis angesiedelten Infrastruktureinrichtungen abgeschlossen werden. Es wäre eine Aufgabe des BIVD, hierfür eine langfristige Vorsorge zu treffen.

– Hilfe beim Personaltransfer und bei der Qualifikation

Wegen der multidisziplinären und interdisziplinären Aufgabenstellungen während biotechnologischer Innovationsprozesse können wichtige Teilaufgaben oftmals nur mit fremder Hilfe oder entsprechender Ausbildung des vorhandenen Personals bewältigt werden. Hier kann der BIVD Vermittlungsdienste leisten, die in erster Linie auf die öffentlichen FuE-Einrichtungen zielen. Zur Personalqualifikation kann er durch Workshops, Seminare und Fortbildungskurse beitragen.

– Öffentlichkeitsarbeit und Akzeptanzförderung

Zu den Aufgaben des BIVD sollten auch die Öffentlichkeitsarbeit über biotechnologische Entwicklungen im Bundesland und die Arbeiten biotechnologischer Forschungseinrichtungen sowie Aktionen zur Akzeptanzförderung (z. B. Diskussionsveranstaltungen, Tage der offenen Tür) gehören.

Kooperationspartner und sonstige Partner des BIVD und der von ihm betreuten Unternehmen können sein:

– Universitätsinstitute und sonstige Forschungseinrichtungen

Die klassischen Kooperationspartner sind Forschungs- und Entwicklungsinstitutionen im öffentlichen und privaten Bereich. Öfter als in anderen Wirtschaftsfeldern sind Neugründungen von Biotechnologieunternehmen Spin-offs von FuE-Einrichtungen. Entsprechend sind diese Unternehmen oftmals in der unmittelbaren räumlichen Nähe dieser Einrichtungen zu finden. Nicht selten stammt das Personal der Firmen aus ganz bestimmten Forschungsinstituten, die die Ausrichtung der Arbeiten auch weiterhin beeinflussen.

– Banken, Beteiligungsgesellschaften

Der hohe Kapitalbedarf macht Hausbanken und Beteiligungsgesellschaften zu den wichtigen Partnern von Biotechnologieunternehmen. Mit ihren Finanzierungsvereinbarungen sind sie in hohem Maße für die Lebensfähigkeit bzw. Überlebensfähigkeit der Unternehmen verantwortlich.

– Unternehmen

Andere Unternehmen können als Kooperationspartner im biotechnologischen Innovationsprozeß auf vielfältige Weise eingebunden werden bzw. sein. Eine wichtige Zusammenarbeit ergibt sich oftmals auf Grund der Querschnitthaftigkeit der Biotechnologie. Die Kooperation mit reinen Anwenderfirmen, die beispielsweise im Umweltbereich mit Sanierungen beschäftigt sind und denen selber das biotechnologische Know-how fehlt, eröffnet entsprechende Ausweitungen der Geschäftstätigkeiten und schafft Rationalisierungen im Vertrieb bzw. Marketingbereich. Mit eher großen Unternehmen bedeutet die Zusammenarbeit in der Regel eine breite Absicherung der Unternehmenstätigkeiten - natürlich mit entsprechenden Einbußen in den unternehmerischen Freiheiten. Oftmals sind hierbei auch ganz konkrete Übernahmen zu späteren Zeitpunkten vorgesehen. Diese Kooperationen stellen gravierende Hilfen in allen Unternehmensbereichen dar, die über die Nutzung von FuE-Einrichtungen bis hin zum Vertrieb reichen können. Wichtig sind aber auch die möglichen Informationsflüsse auf der Leitungsebene, die die langfristig strategischen bis zu den täglichen Ad-hoc-Entscheidungen ganz erheblich erleichtern können.

– *Infrastruktureinrichtungen*

Unter Infrastruktureinrichtungen sind in diesem Zusammenhang Einrichtungen zu verstehen, die den Biotechnologieunternehmen im Rahmen der Forschung und Entwicklung, bei der Standardisierung und Charakterisierung ihrer Produkte bis hin zu Endabnahmen und Controlling, für das Management u.a. Dienstleistungen zur Verfügung stellen können. Diese sind von besonderer Wichtigkeit, insbesondere wenn es um die Bereitstellung von bestimmten Anlagen, von Geräten und Analysekapazitäten geht. Für die Institutionalisierung solcher Kapazitäten bietet sich auch das Biotechnologiezentrum an. Für die Unternehmensleitung kommen zusätzlich Rechercheeinrichtungen für Literatur und Patente in Frage, die zur Absicherung der Innovationen von ganz wesentlicher Bedeutung sind. Sie dienen auch zum Auffinden möglicher Geschäftspartner und für Lizenzübernahmen.

– *Verwaltungen, Behörden, sonstige öffentliche Institutionen*

Biotechnologieunternehmen sind wegen bestimmter Auflagen und Zulassungsaspekte mehr als andere kleine und mittlere Unternehmen auf die erfolgreiche Zusammenarbeit mit öffentlichen Institutionen angewiesen, die oftmals längere Phasen im Innovationsablauf anhalten kann. Hier gilt es, langfristige Kontakte zu pflegen und Vertrauensbasen zu entwickeln.

4.4.4   Zeitliche Implementierung des BIVD und Aspekte der Budgetierung

Aus Kostengründen und zur Nutzung bereits vorhandener Kommunikationsstrukturen sollten Leistungen des BIVD in schon bestehende Forschungs- bzw. Transfereinrichtungen integriert oder an das Management eines biotechnologischen Technologiezentrums angegliedert werden. Die erforderlichen Personal- und Materialkosten einschließlich der Raummiete und Grundausstattungen sollten innerhalb der Einrichtung budgetiert werden, die den BIVD aufnimmt. Ziel ist eine hohe Kostentransparenz und die bessere Abschätzung der durchschnittlichen Aufwendungen für diese innovationsunterstützende Dienstleistung. Die Inanspruchnahme von Projektförderung der Unternehmen im Rahmen ihrer Innovationsprozesse kann aus dem Budget der entsprechenden Förderprogramme erfolgen. Für den Einkauf externer Beratungen und sonstiger Dienstleistungen sowie für Öffentlichkeitsarbeit und Akzeptanzförderung sollte der BIVD ein eigenes Budget von etwa 500.000 DM pro Jahr erhalten.

Die Anlaufphase kann durch **zwei Mitarbeiter** bestritten werden, von denen einer über biotechnologische Fachkenntnisse verfügen müßte und der andere im Innovationsmanagement ausgewiesen sein sollte. Die für die Arbeit erforderliche Sekretariatskapazität (mindestens eine Stelle) sowie die Büroausstattung mit entsprechender Informationstechnik (z. B. PC-Ausstattung, Datenbankanschlüsse) ist zur Verfügung zu stellen. Unter diesen Rahmenbedingungen ist von **jährlichen Personal- und Sachmitteln zwischen 800.000 DM und einer Mio. DM** auszugehen. Diese Mittel sollten, sofern sie nicht in die Finanzierung der aufnehmenden Einrichtung integrierbar sind, im Rahmen einer Projektförderung durch das Land zur Verfügung gestellt werden. Die Bereitstellung von Landesmitteln ist aber nur als Anschubfinanzierung gedacht, denn mittelfristig sollten sich die Zuwendungen am Erfolg der Maßnahme orientieren. Ein Angebot auf Selbstkostenbasis ist langfristig anzustreben.

In einer etwa dreijährigen Erprobungsphase ist zu überprüfen, ob und wie sich das vorgeschlagene Konzept trägt. Verläuft die Erprobungsphase erfolgreich und trägt das biotechnologieorientierte Förderangebot zu einer Verbreiterung der industriellen Biotechnologiebasis im Bundesland bei, ist zu prüfen, ob der BIVD auch Zweigstellen an Orten mit weiteren biotechnologischen Schwerpunkten einrichten sollte. Eine solche Überprüfung wäre aber erst drei bis fünf Jahre nach Aufnahme der Arbeiten des BIVD sinnvoll, da ein nachhaltiger Erfolg der Fördermaßnahmen vor diesem Zeitpunkt wegen der Langfristigkeit biotechnologischer Innovationsprozesse eher unwahrscheinlich erscheint.

5.   Zusammenfassung und Ausblick

5.1   Biotechnologie in Baden-Württemberg - Zusammenfassung

In Baden-Württemberg existiert sowohl in der Industrie als auch in außerindustriellen Forschungseinrichtungen eine **breite Basis biotechnologischer Aktivitäten**. Die Gesamtzahl der Biotechnologieunternehmen wird auf ca. 100 geschätzt. Die Struktur der Unternehmen ist überwiegend mittelständisch. Biotechnologie ist in der Industrie vorwiegend eine Teilaktivität; nur rund 25 % der Unternehmen betreiben ausschließlich Biotechnologie. In der Regel ist in den Unternehmen nur ein geringer Anteil des Personals in der Biotechnologie beschäftigt. Von den erfaßten 46 Unternehmen mit insgesamt ca. 35.000 Mitarbeitern sind dies lediglich rund 1.300 Mitarbeiter. Der künftige Personalbedarf ist gering, wobei die Aussichten für wissenschaftliches Personal besonders ungünstig eingeschätzt werden. Etwas positiver sieht es für den Bereich Marketing und Vertrieb aus. Die bisher in der Biotechnologie erzielten Umsätze sind gering, jedoch sind die Umsatzerwartungen der Unternehmen für die nahe Zukunft überwiegend positiv.

Der Schwerpunkt der Unternehmenstätigkeiten liegt im Dienstleistungsbereich. Die eigentliche biotechnische Produktion spielt bisher eine geringe Rolle.

Forschung und Entwicklung sind von zentraler Bedeutung für die Biotechnologieunternehmen. Entsprechend hoch ist die Forschungsintensität (29 % des Personals). Schwerpunkte der FuE-Arbeiten liegen in den Anwendungsbereichen Medizin und Umwelt, die jeweils fast 30 % der gesamten FuE-Aktivitäten ausmachen. Deutlich weniger ausgeprägt sind die Aktivitäten in den Anwendungsbereichen Chemie (16 %), Nahrungsmittelproduktion (11 %) und Landwirtschaft (8 %). **Gentechnische Forschungsarbeiten** werden in jedem achten Unternehmen durchgeführt. FuE-Kooperationen spielen eine wichtige Rolle für die Biotechnologieunternehmen. Rund 80 % aller Projekte werden in Kooperation durchgeführt. Die mit

Abstand wichtigsten Kooperationspartner sind Universitäten. Aber auch andere Unternehmen spielen hierbei eine wesentliche Rolle. Die Forschungsbasis in Deutschland und insbesondere in Baden-Württemberg wird als sehr gut eingeschätzt. Das erforderliche wissenschaftlich-technische Know-how ist hier vorhanden, eine entsprechende Auslandsabhängigkeit ist nicht zu erkennen. Allerdings gestaltet sich die Anbahnung und Durchführung von FuE-Kooperationen insbesondere mit universitären Einrichtungen oftmals schwierig.

Unter den zahlreichen Standortfaktoren, die die unternehmerischen Tätigkeiten in der Biotechnologie beeinflussen, wirken sich vor allem folgende negativ aus: unzureichende Finanzierungsmöglichkeiten, staatliche Regulierungen, mangelnde Akzeptanz in der Bevölkerung. Die **Finanzierungsproblematik** gilt insbesondere für junge Unternehmen und Neugründungen und schließt sowohl den privaten Kapitalmarkt als auch öffentliche Fördermöglichkeiten ein. Bei den **staatlichen Regulierungen** sind nicht so sehr einzelne Gesetze oder Richtlinien problematisch, sondern die Vielzahl der verschiedenen Regulierungen. Die Probleme mit der Regulierungssituation sind nicht gentechnikspezifisch. Die Handhabung des Gentechnikgesetzes in Baden-Württemberg wird eher als ein Positivbeispiel für die Regulierungssituation eingeschätzt. Die als nicht ausreichend empfundene **Akzeptanz** der Biotechnologie in der Bevölkerung äußert sich weniger in konkreten Fakten, sondern eher auf der mentalen Ebene, d. h. sie wirkt sich negativ auf Motivation und Zufriedenheit der Mitarbeiter aus.

Baden-Württemberg als Standort für Biotechnologieunternehmen wird generell als gut bis sehr gut eingeschätzt. Dies gilt besonders für die gute FuE-Infrastruktur, das hervorragende Ausbildungsniveau sowie die kompetente Handhabung des Gentechnikgesetzes.

5.2 Instrumente und Maßnahmen zur Förderung der Biotechnologie - Zusammenfassung

Ausgangspunkt für die Diskussion von Instrumenten und Maßnahmen zur Förderung der Biotechnologie sind einerseits die anhand der Fallstudie Baden-Württemberg ermittelten Strukturmerkmale der Biotechnologie, andererseits die besonderen Charakteristika und Problemlagen von Biotechnologieunternehmen.

Typische **Problemlagen** von und Rahmenbedingungen für junge, kleine und mittlere Biotechnologieunternehmen sind:

- Lange Markteintritts- und Marktetablierungsdauer,
- hohes Risiko bezüglich des Unternehmenserfolges aufgrund hoher Veränderungsdynamik der Absatzmärkte,
- Reglementierungen des Marktzutritts durch staatliche Vorschriften und Ausschreibungsverfahren,
- hoher Bedarf an Managementunterstützung bei jungen Biotechnologieunternehmen,
- enge Kopplung zwischen Grundlagenforschung und anwendungsorientierter Forschung durch Wissenschaftsbasierung der Biotechnologie,
- spezifischer Kooperations- und Finanzierungsbedarf je nach Innovationsphase,
- Vermarktung (Erschließung neuer Absatzmärkte) schwierig bzw. zu wenig beachtet.

Maßnahmenvorschläge zur Förderung der Biotechnologie setzen einerseits an den Hemmnissen für ein verstärktes Angebot an Beteiligungskapital, andererseits an der Bewältigung der Phasenübergänge im Innovationsprozeß an.

Neugründung spezieller Biotechnologiefonds auf Initiative einzelner Bundesländer

Die wesentliche Aufgabe von Biotechnologiefonds besteht in der Stimulierung von Neugründungen durch Identifikation geeigneter Innovationsvorhaben für Neugründungen und durch Kapitalbereitstellung zur Finanzierung der ersten Stadien in der Genese eines Biotechnologieunternehmens. Diese Anschubfinanzierung senkt die persönlichen (finanziellen) Risiken von Gründern und ermöglicht ihnen eine fundierte Konzepterstellung. Die von diesen Fonds einzugehenden Beteiligungen sollten zumindest alle Aktivitäten bis zum Nachweis der technischen Machbarkeit und Marktfähigkeit des Entwicklungsprojekts finanzieren. Weitere (Risiko-) Kapitalgeber können dann die eigentliche, d. h. vom Volumen her umfangreiche Projektfinanzierung übernehmen. Aus Renditegründen erscheint es erforderlich, daß die

Fonds auch nach einer Anschubfinanzierung ihr finanzielles Engagement ausweiten, um am späteren Erfolg des Beteiligungsnehmers zu partizipieren. Ihre Hauptfunktion liegt jedoch in der Kombination aus Kapitalbereitstellung und strategischer Managementunterstützung für die Neugründung. Ein solches Angebot für neuzugründende und junge Biotechnologieunternehmen würde die Biotechnologieförderung auf Bundesländerebene wirkungsvoll unterstützen.

Fördermaßnahmen bezogen auf bestehende Beteiligungsgesellschaften

Die zeitlich befristete Risikoabsicherung für Beteiligungen durch private oder öffentlich getragene Beteiligungsgesellschaften sowie durch Unternehmen und Privatinvestoren senkt die Risiken für einen Kapitalgeber in den kritischen Anfangsjahren eines Innovationsvorhabens und bietet daher einen deutlichen Anreiz für die Kapitalbereitstellung. Additiv gewährte und vom Land abgesicherte Darlehen an Beteiligungsnehmer erhöhen den Finanzierungsspielraum für die Realisierung größerer Innovationsvorhaben. Diese Darlehen tragen dazu bei, daß solche Vorhaben überhaupt erst finanzierbar werden. Da das Schnüren eines umfangreichen Finanzierungspakets durch eine entsprechende Einwerbung von Finanzierungsmitteln neben dem Risikoaspekt ein gravierendes Problem für Beteiligungsgeber und -nehmer darstellt, sollten die beiden Fördermaßnahmen nur in Kombination realisiert werden. Für die Fixierung der Obergrenze und der Förderquote im Einzelfall bestehen bei Zuschüssen größere Restriktionen für einen Fördergeber (Haushaltsmittel, EU-Beihilferegelung) als bei Darlehen. Da nicht in erster Linie die Finanzierungskonditionen, sondern der Finanzierungsumfang als kritischer Punkt angesehen wird, geht von Darlehen (z. B. 2 Mio. DM) ein größerer Fördereffekt aus als von Zuschüssen (z. B. 500 TDM).

Maßnahmen zur Förderung der Schnittstellenübergänge im Innovationsprozeß

- **Fördermodell "Industriepatenschaft"**

Um die Kooperation zwischen Wissenschaft und Wirtschaft zu intensivieren und den Schnittstellenübergang zwischen biotechnolgischer Grundlagenforschung und anwendungsorientierter Forschung zu optimieren, bietet sich die zeitlich befristete Einrichtung kleiner wissenschaftlicher Arbeitsgruppen an, deren Kosten zur Hälfte von der Industrie übernommen werden ("Industriepatenschaft"). Dabei müssen die entsprechenden Themen für die Industrie so interessant sein, daß die Unternehmen sich langfristige Wettbewerbsvorteile daraus versprechen und zu finanziellem Engagement bereit sind. Andererseits müssen die Arbeiten aber so grundlagenorientiert sein, daß sie sich wissenschaftlich auszahlen und Publikationen, Promotionen bzw. Habilitationen ermöglichen. Als Antragsberechtigte kommen universitäre und außeruniversitäre Forschungseinrichtungen und Industrieunternehmen mit dem Nachweis einer Institutskooperation in Betracht. Die "gastgebende" Forschungseinrichtung definiert das Arbeitsgebiet gemeinsam mit dem Industrieunternehmen, dessen Zusage über die Teilfinanzierung der anfallenden Kosten vorliegen muß. Die Kosten der wissenschaftlichen Arbeitsgruppe (Personalkosten, Investititionen, Sachkosten) werden für die gesamte Laufzeit anteilig durch das kooperierende Unternehmen und durch das Land übernommen.

- **Förderprogramm "Gemeinschaftsinnovation"**

Bestehende Förderprogramme der Bundesländer sind darauf ausgerichtet, die Innovationsaktivitäten des Mittelstandes in allen Phasen des Innovationsprozesses durch Zuschüsse und Darlehen zu fördern. Dabei werden die technischen Realisierungschancen des zu fördernden Vorhabens bei der Bewertung der Förderungswürdigkeit berücksichtigt. Dennoch erfolgt die Förderung segmentiert, d. h. das einzelne FuE-Projekt steht im Mittelpunkt der Förderbewertung und nicht die Einbettung einzelner Vorhaben in den gesamten Innovationsprozeß. Um neue Produkte oder Verfahren erfolgreich am Markt einzuführen, bedarf es einer ganzheitlichen Betrachtung bereits zum Beginn des Innovationsvorhabens, die die Konzeptentwicklung genauso einschließt wie das Scaling-up, die Erschließung der Absatzmärkte und den Vertrieb. Darüber hinaus sind gerade kleine und mittlere Unternehmen darauf angewiesen, in verschiedenen Phasen des Innovationsprozesses mit unterschiedlichen Partnern zusammenzuarbeiten, da das gesamte erforderlich Know-how aus Kompetenz- und Kostengründen nicht im eigenen Unternehmen vorgehalten werden kann (z. B. Grundlagenforschung, Nutzung von Spezialgeräten, Testverfahren, Überführung vom Labor- in den Produktionsmaßstab, weltweite Vermarktung). Vor allem in der Biotechnologie ist diese Zusammenarbeit unbedingt erforderlich. Ein Förderprogramm "Gemeinschaftsinnovation" kann zu einer Optimierung der Schnittstellenübergänge bei biotechnischen Innovationsprozessen beitragen. Mit dem Begriff "Gemeinschaftsinnovation" soll ausgedrückt werden, daß der Innovationsprozeß gemeinschaftlich, d. h. mit verschiedenen Kooperationspartnern bewältigt werden muß und unter dieser ganzheitlichen Betrachtung Innovationsvorhaben gefördert werden.

Biotechnologischer Innovationsberatungs- und Vermittlungsdienst

Trotz des in einzelnen Bundesländern bestehenden Angebots an Informations-, Transfer- und Beratungsangeboten erscheint die Einrichtung eines auf die spezifischen Bedürfnisse von Biotechnologieunternehmen ausgerichteten Innovationsberatungs- und Vermittlungsdienstes (BIVD) sinnvoll. Dieser sollte Innovationvorhaben in Unternehmen von Beginn an begleiten und den Unternehmen ein innovationsphasenspezifisches Informations-, Beratungs- und Kooperationsangebot zur Verfügung stellen. Der BIVD soll wie "eine Spinne im Netz" wirken, wobei das Netzwerk aus einer Vielzahl potentieller Kooperationspartner aus dem Unternehmens- und Forschungsbereich sowie dem Finanzsektor bestehen muß. Diese Institutionen können vorwiegend im jeweiligen Bundesland, aber auch in anderen Teilen Deutschlands sowie international angesiedelt sein. Zugeschnitten auf das jeweilige Unternehmen und das dort ablaufende Innovationsvorhaben wäre es die Aufgabe des BIVD, dem Unternehmensmanagement bei der Aufstellung eines Innovationsablaufplanes zu helfen, auf dessen Grundlage projektifizierte und bezuschußte Einzelmaßnahmen in die Wege geleitet werden können (z. B. im Rahmen des vorgeschlagenen Programms "Gemeinschaftsinnovation"). Bei der Durchführung dieser Einzelprojekte unterstützt der BIVD die Unternehmen z. B. durch begleitende Koordination, Vermittlung von Kooperationspartnern und die Beantragung von Fördermitteln. Grundsätzlich ist die Zusammenarbeit des Unternehmens und des BIVD für eine längere Zeitdauer angelegt.

5.3 Aktuelle Ansätze zur Implementierung regionaler Förderkonzepte

Im folgenden werden verschiedene neuere Initiativen zur Implementierung regionaler Förderkonzepte für die Biotechnologie vorgestellt. Hierdurch soll exemplarisch aufgezeigt werden, in welcher Weise einige der im vorangegangenen Kapitel 4 vorgestellten Instrumente und Maßnahmen umgesetzt werden können. Insgesamt kann bei der Entwicklung regionalpolitischer Förderansätze für die Biotechnologie derzeit nicht nur im Bundesgebiet, sondern auch auf europäischer Ebene eine große Dynamik beobachtet werden. Schon allein aus diesem Grunde erhebt die folgende Darstellung keinesfalls den Anspruch auf Vollständigkeit. Es werden deshalb nur Initiativen in den beiden süddeutschen Bundesländern Baden-Württemberg und Bayern vorgestellt.

In **Baden-Württemberg** hat die Landesregierung den Vorschlag der Zukunftskommission Wirtschaft 2000 aufgegriffen und im Jahr 1994 einen ressortübergreifenden Innovationsbeirat eingerichtet. Eine der Arbeitsgruppen des Innovationsbeirates befaßte sich schwerpunktmäßig auch mit der Biotechnologie. Hierbei standen die übergeordneten Aufgaben des Innovationsbeirates im Hintergrund: Beobachtungen wichtiger technologischer und wirtschaftlicher Entwicklungslinien, Erarbeitung von Vorschlägen zur strategischen Ausrichtung der Forschungs-, Technologie- und Wirtschaftspolitik und zur Weiterentwicklung der staatlichen Förderpolitik, Vorlage von Empfehlungen zur Verbesserung der innovationsrelevanten Rahmenbedingungen, Aufzeigen von Koordinierungsbedarf in der Forschungs-, Technologie- und Wirtschaftspolitik, Erarbeitung von Vorschlägen für eine gezielte Öffentlichkeitsarbeit, insbesondere zur Verbesserung des Innovationsklimas. Aus der Arbeit des Innovationsbeirates und den Vorschlägen der Zukunftskommission Wirtschaft 2000 resultierten inzwischen konkrete förderpolitische Maßnahmen für die Biotechnologie. So beschloß das Landeskabinett im April 1995 die Unterstützung dreier weiterer **Biotechnologieparks** in Baden-Württemberg mit insgesamt 11 Mio. DM. Diese neuen Biotechnologieparks werden in Freiburg, Heidelberg und Ulm eingerichtet. Bei deren Ausgestaltung sollen nicht nur günstige räumliche und logistische Bedingungen geschaffen, sondern auch das gerade für Existenzgründer erforderliche Beratungs- und Hilfestellungsangebot berücksichtigt werden.

Im Februar 1996 beschloß der Ministerrat, die Einrichtung einer **Biotechnologie-Agentur Baden-Württemberg** finanziell zu unterstützen. Die Agentur soll den kleinen und mittleren Biotechnologieunternehmen in Baden-Württemberg Beratung und Hilfestellung besonders in folgenden Bereichen anbieten:
- Vermittlung von Kooperationspartnern,
- Patente, Patentierung und Lizenzen,
- Zulassungs- und Genehmigungsverfahren,
- Finanzierung und Förderung,
- betriebliches Innovationsmanagement.

Wie in Kapitel 2 ausgeführt, treten in diesen Bereichen immer wieder Probleme für Biotechnologiefirmen auf. Zur Zielgruppe der Agentur zählen sowohl schon bestehende Biotechnologieunternehmen als auch kleine und mittlere Unternehmen, für die die Biotechnologie ein Diversifikationspotential darstellt. Weiterhin werden auch die Forschungseinrichtungen des Landes in das Angebot einbezogen, um hierdurch in erster Linie Existenzgründungen in der Biotechnologie zu unterstützen. Insgesamt wird somit angestrebt, die Anzahl der Biotechnologiefirmen in Baden-Württemberg zu erhöhen und ebenso einen Beitrag zur Verbesserung des Klimas für unternehmerische Tätigkeiten in der Biotechnologie zu leisten.

In den genannten Arbeitsfeldern wird die Biotechnologie-Agentur Informationen aufbereiten und zur Verfügung stellen. Die Agentur soll sich somit zu einem zentralen Ansprechpartner für Biotechnologieunternehmen und die in der Biotechnologie aktiven Forschungseinrichtungen entwickeln. Zu ausgewählten Themen werden regionale Workshops und Seminare veranstaltet, bei denen Unternehmen und potentielle Existenzgründer vertiefte Informationen zur Verfügung gestellt bekommen. Gleichzeitig wird hierdurch ein Diskussionsforum für Unternehmen, Forschungseinrichtungen und Ansprechpartner aus dem Umfeld der Biotechnologieunternehmen (z. B. Banken, Zulassungsbehörden, Patentanwälte) bereitgestellt.

Ein wichtiger weiterer Aspekt der Tätigkeit der Agentur besteht in der Bündelung der bereits vorhandenen beratenden Einrichtungen des Landes. Daher ist geplant, ein Netzwerk von Institutionen im Umfeld der Biotechnologie aufzubauen, das in regionaler und fachlicher Hinsicht eine breite Palette von Unterstützungen für Biotechnologieunternehmen ergibt.

Insgesamt verkörpert die Biotechnologie-Agentur Baden-Württemberg in vielerlei Hinsicht das in Kapitel 4.4 beschriebene Konzept eines biotechnologischen Innovationsberatungs- und Vermittlungsdienstes.

In **Bayern** sind zwei Initiativen zur Förderung der Biotechnologie zu nennen. Im Herbst 1994 beschloß die bayerische Staatsregierung die Gründung einer **Risiko-kapitalgesellschaft**, die aus den Privatisierungserlösen des Bayernwerkes mit einem Fonds in Höhe von 150 Mio. DM ausgestattet ist. Die gleiche Summe soll von privaten Kreditinstitutionen zur Verfügung gestellt werden. Ziel der Risikokapital-gesellschaft, deren Management bei der Bayerischen Landesanstalt für Aufbaufi-nanzierung (LfA) liegt, ist die Verbesserung des Angebots an Beteiligungskapital für bayerische Unternehmen und Unternehmensgründer. Etwa 50 Mio. DM der Fondsmittel sollen aussschließlich für Beteiligungen im Bereich der Biotechnologie zur Verfügung stehen, so daß hiermit ein Förderinstrument geschaffen würde, das in ähnlicher Form in Kapitel 4.2.2 beschrieben ist. Als zweite Initiative ist 1995 der erste Bauabschnitt eines **biotechnologischen Gründerzentrums** auf dem Gelände des Max-Planck-Institus für Biochemie und in direkter Nähe zum Neubau des Mün-chener Genzentrums fertiggestellt und von ersten Unternehmen bezogen worden. Im Endausbau soll das Zentrum 4.000 qm vermietbare Fläche aufweisen. Anders als andere Technologiezentren ist das Biotechnolgiezentrum speziell auf die Erforder-nisse von Biotechnolgieunternehmen zugeschnitten. Dazu gehören einerseits die baulichen und sicherheitstechnischen Rahmenbedingungen, die der Laborausstat-tung und dem Experimentalcharakter der Technik Rechnung tragen, andererseits die unmittelbare Nähe zu renommierten Forschungseinrichtungen. Auf diese Weise soll ein enger Kontakt zwischen Grundlagenforschung und industrieller Anwendung geschaffen und vertieft werden sowie andererseits eine Motivationswirkung auf Wissenschaftler entstehen, Forschungsergebnisse im Rahmen einer Unternehmens-gründung in eine wirtschaftliche Verwertung zu überführen. Während die Aufgabe der Risikokapitalgesellschaft in der Schaffung gründungsfreundlicher Rahmenbe-dingungen liegt, stellt das Biotechnolgiezentrum als Ergänzung die infrastrukturel-len Grundlagen für eine Existenzgründung in der Biotechnologie zur Verfügung.

Nicht nur auf Länder- sondern auch auf **Bundesinitiative** sind seit kurzem neue förderpolitische Entwicklungen auf regionaler Ebene zu beobachten. Hierzu zählt in erster Linie der sogenannte **Bio-Regio-Wettbewerb** des Bundesministeriums für Bildung, Wissenschaft, Forschung und Technologie. Ziel dieses Wettbewerbs ist es, die in Deutschland bestehenden Finanzierungsmöglichkeiten, Fördermaßnahmen und Investitionshilfen für Unternehmen der Biotechnologie durch Integration entsprechender Kapazitäten und Aktivitäten in der jeweiligen Region zu konzentrieren. Hierdurch soll das materielle und intellektuelle Potential einer Region effizienter genutzt und Unternehmensneugründungen angeregt werden.

Der Wettbewerb wurde im Oktober 1995 ausgeschrieben und wird in zwei Phasen durchgeführt. In der ersten Phase erhalten die Regionen bei einer Förderquote von 50 Prozent bis zu 100.000 DM für die Entwicklung eines Konzepts zur Umsetzung von Wissen in Produkte, Verfahren und Dienstleistungen für die Biotechnologie. Aus diesen Konzepten wird für die zweite Phase des Wettbewerbs eine Endauswahl vorgenommen. Die Siegerregionen sollen unter Berücksichtigung des spezifischen Förderbedarfs zusätzliche Fördermittel aus dem BMBF-Fachprogramm Biotechnologie erhalten. Die erste Phase wird im September 1996 abgeschlossen. Durch die Bio-Regio-Initiative des BMBF wurden in zahlreichen Regionen Deutschlands intensive konzeptionelle Überlegungen zur künftigen regionalen Entwicklung der Biotechnologie angeregt. Hierdurch hat der Wettbewerb eine erhebliche katalytische Aktivität entfaltet. Insgesamt verdeutlicht die Bio-Regio-Initiative aber auch, daß regionale Ansätze und übergreifende bundesweite bzw. internationale Aktivitäten nicht getrennt voneinander oder gar ausschließlich betrachtet werden können, sondern sich jeweils möglichst komplementär ergänzen sollten.

6.   Literatur

Baden-Württemberg (1993): Baden-Württemberg; Eine kleine politische Landkarte. Landeszentrale für politische Bildung. Stuttgart.

Bayer, K. (1991): Zum Stand des Modellversuches "Beteiligungskapital für junge Technologieunternehmen" (BJTU). Zwischenbericht zum 31.12.1990. Arbeitspapier, Fraunhofer ISI. Karlsruhe.

BIO (1996): The US Biotechnology Industry Organization: Facts and Figures 1994/95 Edition. Available through internet.

Bräunling, G. (1993): Die volkswirtschaftliche Bedeutung junger Technologieunternehmen in den neuen Bundesländern. In: Bräunling, G.; Pleschak, F. (Hrsg.): Statusseminar zum Modellversuch "Technologieorientierte Unternehmensgründungen in den neuen Bundesländern" am 15./16. September 1993 in Berlin. Fraunhofer ISI. Karlsruhe, Dresden. S. 7-21.

Bullock, W.; Dibner, M. (1994): The changing dynamics of strategic alliances between US biotechnology firms and Japanese corporations and universities. In: Tibtech 12, S. 397-400.

Bundesministerium für Forschung und Technologie (BMFT) (1993): Bundesbericht Forschung 1993. Bonn.

Bundesministerium für Forschung und Technologie (BMFT) (1989): Beteiligungskapital für junge Technologieunternehmen. Modellversuch 1989 bis 1994. Bonn.

Bundesverband deutscher Kapitalbeteiligungsgesellschaften - German Venture Capital Association e.V. (BVK) (1993a): Venture Capital in den USA. Die Entwicklung der amerikanischen "Venture Capital Industry" in den 80er Jahren und im Übergang zu den 90er Jahren. BVK-Nachrichten. Special vom 10.03.1993. Berlin.

Bundesverband deutscher Kapitalbeteiligungsgesellschaften - German Venture Capital Association e.V. (Hrsg.) (1993b): Jahrbuch 1993. Berlin.

Bygrave, W.D.; Timmons, J.A. (1992): Venture Capital at the Crossroads. Boston.

CHEM manager 6/95: Gentechnisch hergestellte Lebensmittel. S. 4.

Drews, J. (1993): Into the 21st Century: Biotechnology and the pharmaceutical industry in the next ten years. In: BioTechnology 11, S. S16-S20.

Ernst & Young (1994): European Biotech 94 - A new industry emerges. Brussels.

evca (1993): Europe's Venture Capital Association (evca): 1993 evca Yearbook. Zaventem.

Florida, R.; Kenney, M.; Smith, D.F. jr. (1990): Venture Capital, Innovation and Economic Development. A Report to the U.S. Department of Commerce, Economic Development Administration. Pittsburg.

Florida, R.; Smith, D.F. jr. (1993): Venture Capital and Industrial Competitiveness. A Research Report to the U.S. Economic Development Administration. Pittsburg.

Gaston, R. (1989): Finding Privat Venture Capital for Your Firm. New York.

Grupp, H. (Hrg.) (1993): Technologie am Beginn des 21. Jahrhunderts. Heidelberg. (Technik, Wirtschaft und Politik, Schriftenreihe des Fraunhofer-Instituts für Systemtechnik und Innovationsforschung, Bd. 3)

Gupta, U. (1990): Venture Capital Dims for Startups, but Not to Worry. In: Wall Street Journal, 24 January.

Harnischfeger, M.; Kulicke, M.; Wupperfeld, U. (1992): Zum Stand des Modellversuchs "Beteiligungskapital für junge Technologieunternehmen" (BJTU). Zwischenbericht zum 31.12.1991. Arbeitspapier der Projektbegleitung zum Modellversuch BJTU. Fraunhofer ISI. Karlsruhe.

Herden, R. (1992): Technologieorientierte Außenbeziehugen im betrieblichen Innovationsmanagement: Ergebnisse einer empirischen Untersuchung. Heidelberg.

Hodgson, J.; Barlow, K. (1993): Does Biotechnology measure up? In: BioTechnology 11, S. 1003-1006.

Kirk, N.; Walton, F. (1993): Upturn Expected in European Biopharmaceutical Financing. In: Genetic Engineering News. October 1 (1993), S. 1 ff.

Koschatzky, K. (1994): Haben Start-up Companies in Deutschland eine Chance? Vortrag auf dem VCI-Symposium "Biotechnologie am Scheideweg", 21.06.1994, Sulzbach bei Frankfurt. VCI. Frankfurt.

Koschatzky, K.; Maßfeller, S. (1994): Gentechnik für Lebensmittel? Verlag TÜV Rheinland, Köln.

Kulicke, M. u.a. (1993): Chancen und Risiken junger Technolgieunternehmen. Ergebnisse des Modellversuchs "Förderung technologieorientierter Unternehmensgründungen" (TOU). Heidelberg. (Technik, Wirtschaft und Politik, Schriftenreihe des Fraunhofer-Instituts für Systemtechnik und Innovationsforschung, Bd. 4)

Kulicke, M. (1994): Ausfallraten junger Technologieunternehmen im Modellversuch "Förderung technologieorientierter Unternehmensgründungen" (TOU). Auswertung zum Stand 30.06.1994. Arbeitspapier, Fraunhofer ISI. Karlsruhe.

Kulicke, M.; Wupperfeld, U. (1996): Beteiligungskapital für junge Technolgieunternehmer. Ergebnisse eines Modellversuchs. Heidelberg. (Technik, Wirtschaft und Politik, Schriftenreihe des Fraunhofer-Instituts für Systemtechnik und Innovationsforschung, Bd. 22).

Mason, C.; Harrison, R. (1992): The Financing of Technology Based New Firms in the UK: The Role of Informal Venture Capital. In: Proceedings of the Anglo-German Seed-Capital Workshop. Held at the Oxford Science Park on 30 September/1 October 1992. Birmingham, Karlsruhe.

Mayer, M.; Müller, R. (1991): Die Deutsche Wagnisfinanzierungs-Gesellschaft (WFG) - Erfahrungen und Ergebnisse eines Modellvorhabens. Fraunhofer ISI. Karlsruhe.

OECD (1989): Biotechnology - Economic and wider impacts. Paris.

OECD (1992): Biotechnology, Agriculture and Food. Paris.

OTA (1991): Biotechnology in a global economy. Washington.

Perrin, J.-C. (1991): Technological Innovation and Territorial Development. In: Camagni, R. (Hrsg.): Innovative Networks: Spatial Perspectives. London, New York. S. 35-54.

Pleschak, F.; Sabisch, H.; Wupperfeld, U. (1994): Innovationsorientierte kleine Unternehmen. Wie sie mit neuen Produkten neue Märkte erschließen. Wiesbaden.

Reiß, T.; Koschatzky, K.; Schmoch, U.; Strauß, E. (1993): Patentanalyse zu Innovationsaktivitäten in der Biotechnologie in Baden-Württemberg. Fraunhofer ISI. Karslruhe.

Reiß, T.; Hüsing, B. (1992): Potentialanalyse für Auftragsforschung in der Biotechnologie. Fraunhofer ISI. Karlsruhe.

Reiß, T. (1996): Knowledge Transfer in Biotechnology - The Case of Germany. In: NATO Advanced Research Workshop on „Knowledge, Technology Transfer and Forecasting", Budapest 12-14. Oct. 1995, Proceedings, in press.

Schmoch, U. et al. (1992): Patent law and patent analysis in biotechnology. In: Biotech Forum Europe 9, S. 379-384.

Stadler, P.; Schlumberger, H. (1995): Innovationen im Gesundheitssektor durch Biotechnologie: Stand und Perspektiven. In: Dechema e. V.: Tätigkeitsbericht 1994, S. 8 - 13.

United States General Accounting Office (1992): Federal Research. Small Business Innovation Research shows Success but can be Strenghtened. Report to Congressional Committees. Washington.

Ward, M. (1994): U.K. Set for Blockbuster Year. In: Bio/Technology, 12, No. 1, S. 21.

Wissenschaftsrat (1993): Drittmittel der Hochschulen 1970 bis 1990. Köln.

Wolff, H.; Becher, G.; Delpho, H.; Kuhlmann, S.; Kuntze, U.; Stock, J. (1994): FuE-Kooperationen von kleinen und mittleren Unternehmen. Heidelberg. (Technik, Wirtschaft und Politik, Schriftenreihe des Fraunhofer-Instituts für Systemtechnik und Innovationsforschung, Bd. 5)

Wupperfeld, U. (1993): Mißerfolgsfaktoren junger Technologieunternehmen. Arbeitspapier der Projektbegleitung zum Modellversuch BJTU. Fraunhofer ISI. Karlsruhe

Wupperfeld, U. (1996): Management und Rahmenbedingungen von Beteiligungsgesellschaften auf dem deutschen Seed-Capital Markt. Frankfurt/M. (Schriften zur Unternehmensplanung, Bd. 34).

Anhang 1

FRAGEBOGEN

Bitte senden Sie den ausgefüllten Fragebogen an:
FhG-ISI
Dipl.-Phys. Gerhard Jaeckel
Breslauer Str. 48
76139 Karlsruhe

Bei Rückfragen wenden Sie sich bitte an:
Dr. Thomas Reiß   0721/6809 160
Dr. Barbara Hüsing   0721/6809 210

Fragebogen für Unternehmen
zu biotechnologischen Aktivitäten

Hinweis:	Unter **Biotechnologie** ist hier in einem eher breiten Verständnis der Einsatz bzw. die Nutzung lebender Organismen oder ihrer Bestandteile - zur Herstellung, Modifikation oder zum Abbau von Substanzen oder - zur Veränderung von Organismen oder - für Dienstleistungen gemeint. Gentechnik wird als Teilmenge der Biotechnologie aufgefaßt. **Nicht einzuschließen** sind die klassischen, rein empirischen Verfahren auf biotechnologischer Grundlage z. B. zur Herstellung von Bier, Wein, Brot oder Käse.

Angaben zur Person, *die diesen Fragebogen ausfüllt*

1   Name und Titel/Berufsbezeichnung:...

....

2   Position im Unternehmen:...

3   Tätigkeit (z. B. FuE*, Produktion, ...):..
Abteilung:...Tel:..

*FuE = Forschung und Entwicklung

Allgemeine Angaben zum Unternehmen

4   Name und Anschrift Ihres Unternehmens:..

....

....

5   Wirtschaftszweig Ihres Unternehmens.

Bitte unterstreichen Sie eine der folgenden Möglichkeiten:

Landwirtschaft, Forstwirtschaft, Fischzucht, gewerbliche Tierzucht, chemische und pharmazeutische Industrie, Energieversorgung, Elektrotechnik, Feinmechanik, Holzgewerbe, Papiergewerbe, Ernährungsgewerbe, Baugewerbe, Handel, Dienstleistungen, Abfall- und Abwasserbeseitigung, Gesundheits- und Veterinärwesen, technische Beratung und Planung, Forschung und Entwicklung

6   Gründungsjahr Ihres Unternehmens:..............Gründungsort/-land:...........................
       Gründungsjahr Ihres Unternehmens in Baden-Württemberg:...........................
       Gründungsjahr Ihres Unternehmens am Ort:...
       Jahr des Beginns der biotechnologischen Aktivitäten:..........................

7   Anzahl der Mitarbeiter 1992: gesamt.................., im Bereich Biotechnologie...............

8   Umsatz 1992: gesamt...............Mio. DM, im Bereich Biotechnologie............Mio. DM

9   Welches Leistungsangebot hat Ihr Unternehmen im Bereich Biotechnologie?
       Bitte kreuzen Sie die entsprechenden Felder an. Mehrfachnennungen möglich.

Handel und Vertrieb		
Produktion	(bitte legen Sie dem Fragebogen entsprechende Prospekte bei)	
Dienstleistungen und zwar:	Analytik	
	Synthese	
	Abwasserreinigung	
	Sanierung	
	Produktentwicklung	
	Geräteentwicklung	
	Verfahrensentwicklung	
	Anlagenbau	
	Zuchtung, Vermehrung	
	Forschung und Entwicklung im Auftrage	
	Beratung	
	Gutachten	
	klinische Prüfung	
	Schulung	
	andere, und zwar..	

10   Wie schätzen Sie die Umsatzentwicklung für den Bereich Biotechnologie Ihres Unternehmens in den kommenden fünf Jahren ein? Bitte schätzen Sie die mittlere jährliche Steigerungsrate Ihres Umsatzes: +............% oder -............%.

Angaben zur Forschung und Entwicklung

11   Wenn Ihr Unternehmen *eigene* Forschung und Entwicklung im Bereich Biotechnologie betreibt, dann machen Sie bitte Angaben hierzu in der folgenden Liste der FuE-Schwerpunkte. Codieren Sie die FuE-Schwerpunkte nach dem beiliegenden Klassifikationsschema.

Für Forschung und Entwicklung (FuE) wird hier die international übliche Begriffsbestimmung zugrunde gelegt. Nicht einzuschließen sind routinemäßige (Qualitäts-)Kontrollen, Inspektionen im Auftrage der öffentlichen Hände, Materialprüfungen, Erprobung und Standardisierung, Untersuchungen über die Durchführbarkeit vorgeschlagener technischer Projekte mit Hilfe bereits bekannter Verfahren, administrative und juristische Patent- und Lizenzarbeiten, die nicht unmittelbar im Zusammenhang mit FuE-Projekten stehen, Marktforschung, geistes- und sozialwissenschaftliche Forschung, Versuchsproduktion.

Liste der FuE-Schwerpunkte Ihres Unternehmens im Bereich Biotechnologie

(FuE-Schwerpunkt ist ein FuE-Arbeitsgebiet mit verschiedenen
FuE-Projekten und herausragendem personellen und finanziellen Aufwand)

Inhalt/Thema (Code nach Klassifikationsschema)	eigene FuE-Personalkapazität in 1992 (In Personenjahren)	künftiger Entwicklungstrend (++ stark steigend, + steigend, +- gleichbleibend, - fallend)	Kooperationen (bitte ankreuzen)					
			Nutzung von externem Know-how			*Lieferung von Know-how an Externe*		*keine Kooperationen*
			im Rahmen von Aufträgen an Externe	durch informellen Austausch	Inhalte (Code nach Klassifikations-schema)	im Rahmen von Aufträgen durch Externe	durch informellen Austausch	

12 Wie hoch lagen die FuE-Aufwendungen Ihres Unternehmens für den Bereich Biotechnologie im Jahre 1992 in ....DM, im Durchschnitt der letzten Jahre in ....DM?

13 Welchen Stellenwert (im Vergleich zu den eigenen FuE-Aktivitäten) hat die Übernahme von Lizenzen für Ihr Unternehmen im Bereich Biotechnologie?

insgesamt

◯ großer Stellenwert	◯ mittlerer Stellenwert	◯ geringer Stellenwert	◯ kein Stellenwert

davon ausländische Lizenzen

◯ großer Stellenwert	◯ mittlerer Stellenwert	◯ geringer Stellenwert	◯ kein Stellenwert

14 Nutzt Ihr Unternehmen auf andere Weise als Lizenzen biotechnologisches Know-how aus dem Ausland? Welchen Stellenwert hat dieses Know-how für Ihr Unternehmen?

◯ großer Stellenwert	◯ mittlerer Stellenwert	◯ geringer Stellenwert	◯ kein Stellenwert

15 Welchen Stellenwert (im Vergleich zu den eigenen FuE-Aktivitäten) hatten FuE-Kooperationen für Ihr Unternehmen im Bereich Biotechnologie im Durchschnitt der letzten Jahre?

◯ großer Stellenwert	◯ mittlerer Stellenwert	◯ geringer Stellenwert	◯ kein Stellenwert

16 Welche Kooperationspartner Ihres Unternehmens waren im Bereich Biotechnologie die wichtigsten in den letzten Jahren für FuE? (Numerierung in der Reihenfolge ihrer Wichtigkeit; wichtigster Kooperationspartner gleich 1)

	Hochschule/Universität
	Klinik
	Fachhochschule
	Max-Planck-Institut
	Fraunhofer-Institut
	Großforschungseinrichtung
	Bundesforschungsanstalt
	anderes Industrieunternehmen
	Gemeinschaftsforschungsinstitut der Industrie
	Ingenieurbüro
	Innovationsberatungsstelle/Technologietransferstelle
	Steinbeis-Stiftung
	Informationsvermittlungsstelle
	andere, und zwar..

17a Falls Sie Kooperationen mit Hochschulen/Fachhochschulen haben: Welche Bedeutung haben folgende Kooperationsformen?
Bitte kreuzen Sie in jeder Zeile die entsprechenden Felder an.

Kooperationsformen	große Bedeutung	mittlere Bedeutung	geringe Bedeutung	keine Bedeutung
informelle Kontakte				
Beteiligung an Diplom-/Doktorarbeiten				
Wissenschaftleraustausch				
Gutachten/Expertisen				
gemeinsame FuE-Vorhaben (inkl. Vertragsforschung)				
geförderte Verbundprojekte				
andere, und zwar...................................				

17b Wie ist Ihr Bedarf für folgende neuartige Kooperationsform? Bitte kreuzen Sie das entsprechende Feld an.

	großer Bedarf	mittlerer Bedarf	geringer Bedarf	kein Bedarf
Finanzierung von Postdoc-Stellen an Universitäten mit anwendungsorientierten FuE-Themen Ihrer Wahl				

18 Wie bewerten Sie die Personalakquisition und Personalqualifikation Ihres Unternehmens im Bereich Biotechnologie? Bitte kreuzen Sie die entsprechenden Felder an.

Personalakquisition	Bedarf			Angebot		
	groß	gering	kein	groß	genügend	gering
Technisches Personal für FuE						
Technisches Personal für die Produktion						
Wissenschaftliches Personal für FuE						
Wissenschaftliches Personal für die Produktion						
Personal für Vertrieb/Marketing						
Weiterqualifikation						
Internes Angebot zur Einarbeitung und Weiterbildung						
Externes Angebot zur Weiterbildung						

Technologie- und Informationstransfer

19 Technologieparks werden als Umschlagplätze für neue Technologien und als Starthilfe für junge technologieorientierte Unternehmen eingerichtet. Wie beurteilen Sie den Nutzen solcher Zentren für die Entwicklung der Biotechnologie in Baden-Württemberg? Bitte kreuzen Sie die entsprechenden Felder an.

	Technologie-zentren allgemein	spezielle Biotech-Parks
großer Nutzen		
mittlerer Nutzen		
geringer Nutzen		
kein Nutzen		
keine Aussage möglich		

20 Welche der folgenden Informationsquellen wurden von Ihrem Unternehmen im Bereich Biotechnologie in den vergangenen drei Jahren genutzt, um bestehende Produkte und Verfahren zu entwickeln oder zu verbessern und um technologische Entwicklungstrends abschätzen zu können? Welche dieser Informationsquellen konnte Ihren Bedarf nicht ausreichend befriedigen?
Bitte kreuzen Sie die entsprechenden Möglichkeiten an. Mehrfachnennungen sind möglich.

Informationsquellen	Nutzung in den drei letzten Jahren	Unbefriedigter Bedarf, Defizite
Gespräche mit Universitäten, Fachhochschulen		
Gespräche mit anderen Forschungseinrichtungen		
Fachliteratur		
Seminare, Kongresse		
Messen, Ausstellungen		
andere Unternehmen		
Informationsvermittlungsdienste		
Technologiezentren		
Technologieberatungsstellen		
private Berater		
IHK		
Verbände		
Datenbanken		
Patentauslegestellen		
andere, und zwar...		

21 In welchen Bereichen hat Ihr Unternehmen für seine Biotechnologieaktivitäten Informationsbedarf?

	großer Bedarf	mittlerer Bedarf	geringer Bedarf	kein Bedarf
Finanzierung, Kapitalbeschaffung				
Personalakquisition, Weiterbildung				
Markt				
Marketing/Vertrieb				
Forschung und Entwicklung				
Produktion				
Management				
offentliche Förderung, Fördermittel				
Steuerrecht				
sonstige Rechtsfragen				
Kooperationsmöglichkeiten				
Beratungsangebot				
Patente				
sonstige, und zwar...................				

22 Welche Bedeutung haben folgende überregionalen Standortfaktoren ("Standort Deutschland") für die heutigen biotechnologischen Aktivitäten Ihres Unternehmens? Bitte kreuzen Sie die entsprechenden Felder an. Bei welchen Standortfaktoren gibt es Defizite bzw. Hemmnisse, die Ihr Unternehmen im Bereich Biotechnologie beeinträchtigen? Bitte kreuzen Sie die entsprechenden Felder an. Mehrfachnennungen sind möglich.

Allgemeine Standortfaktoren für Deutschland		großer Stellenwert	mittlerer Stellenwert	geringer Stellenwert	kein Stellenwert	Beeinträchtigung
Kapitalbedarf	Verfügbarkeit und Konditionen bei der Beschaffung von Fremdkapital					
	Verfügbarkeit und Konditionen bei der Beschaffung von Risikokapital					
	Angebot an staatlichen Fördermöglichkeiten					
Humanbedarf	Verfügbarkeit von wissenschaftlichem Personal					
	Verfügbarkeit von technischem Personal					
Sonstige Ressourcen	Beratungsangebot					
	Verfügbarkeit und Konditionen von Kooperationen					
Markt, Wettbewerb	Marktattraktivität					
	Wettbewerbsintensität					
	Möglichkeiten zur Sicherung eines Wettbewerbsvorsprungs					
	Konkurrenz durch andere technische Lösungen					
staatliche Regulierungen	Steuern, Gebühren, Abgaben					
	Gesetzliche Rahmenbedingungen					
	Genehmigungspraxis					
	Rechtssicherheit					
	Normen, Standards					
	Umweltschutz					
wissenschaftliche Infrastruktur	Nähe zu Know-how-Trägern					
	Effizienz externer Know-how-Träger					
Akzeptanz	generelle Einstellung der Menschen zu Technik und Industrie					
	Akzeptanz der Biotechnologie in der Bevölkerung					

23	Die Biotechnologie stößt teilweise auf Akzeptanzprobleme in der Öffentlichkeit. Ursache hierfür könnte eine unzureichende Öffentlichkeitsarbeit sein. Besteht Ihrer Meinung nach ein Handlungsbedarf für eine besserere Unterrichtung und Aufklärung der Öffentlichkeit? Mehrfachnennungen möglich.

Maßnahmen zur Öffentlichkeitsarbeit	Veränderung erforderlich (Wählen Sie ein Veränderungsmaß: ++, +, +-,-)
Darstellung biotechnologischer Produkte und Verfahren in den Medien	
Durchführung regelmäßiger Tage der offenen Tür in einschlägigen Unternehmen	
Breite Streuung allgemeinverständlicher Informationsschriften	
Wiederholte Durchführung von Vortragsreihen in Schulen	
Einrichtung von Informationszentren in betroffenen Landesbereichen	
andere, und zwar...	

Legende: ++ stark steigend; + steigend; +- gleichbleibend; - fallend

Bitte senden Sie den ausgefüllten Fragebogen an:
FhG-ISI
Dipl.-Phys. Gerhard Jaeckel
Breslauer Str. 48
76139 Karlsruhe

Bei Rückfragen wenden Sie sich bitte an:
Dr. Thomas Reiß   0721/6809 160
Dr. Barbara Hüsing   0721/6809 210

Fragebogen für öffentliche Institutionen zu biotechnologischen Aktivitäten

---

Hinweis: Unter **Biotechnologie** ist hier in einem eher breiten Verständnis der Einsatz bzw. die Nutzung lebender Organismen oder ihrer Bestandteile .
- zur Herstellung, Modifikation oder zum Abbau von Substanzen oder
- zur Veränderung von Organismen oder
- für Dienstleistungen

gemeint. Gentechnik wird als Teilmenge der Biotechnologie aufgefaßt.
Nicht einzuschließen sind die klassischen, rein empirischen Verfahren auf biotechnologischer Grundlage z. B. zur Herstellung von Bier, Wein, Brot oder Käse.

Angaben zur Person und zur Institution

1   Name und Titel:...

2   Position in der Institution:...

3   Abteilung:.......................................Tel:...

4   Name und Anschrift Ihrer Institution:...

5   Anzahl der Mitarbeiter 1992: gesamt..............., im Bereich Biotechnologie...............

Angaben zur Forschung und Entwicklung

6   Wie werden die FuE-Aktivitäten Ihrer Institution im Bereich Biotechnologie finanziert? Bitte geben Sie uns die mittleren Prozentangaben der letzten Jahre an zu:
Grundmittel............%, öffentliche Drittmittel............%, private Drittmittel............%.

7   Welchen Stellenwert (im Vergleich zu den eigenen FuE-Aktivitäten) hatten FuE-Kooperationen für Ihre Institution im Bereich Biotechnologie im Durchschnitt der letzten Jahre?

◯ großer Stellenwert   ◯ mittlerer Stellenwert   ◯ geringer Stellenwert   ◯ kein Stellenwert

<table>
<tr><td>8</td><td colspan="5">Welche Kooperationspartner Ihrer Institution waren im Bereich Biotechnologie die wichtigsten in den letzten Jahren für FuE? (Numerierung in der Reihenfolge ihrer Wichtigkeit; wichtigster Kooperationspartner gleich 1)</td></tr>
</table>

	Hochschule/Universität
	Klinik
	Fachhochschule
	Max-Planck-Institut
	Fraunhofer-Institut
	Großforschungseinrichtung
	Bundes-/Landesforschungsanstalt
	Industrieunternehmen
	Gemeinschaftsforschungsinstitut der Industrie
	Ingenieurbüro
	Innovationsberatungsstelle/Technologietransferstelle
	Steinbeis-Stiftung
	Informationsvermittlungsstelle
	andere, und zwar..

9a   Falls Sie Kooperationen mit Unternehmen haben: Welche Bedeutung haben folgende Kooperationsformen?
Bitte kreuzen Sie in jeder Zeile die entsprechenden Felder an.

Kooperationsformen	große Bedeutung	mittlere Bedeutung	geringe Bedeutung	keine Bedeutung
informelle Kontakte				
Beteiligung an Diplom-/Doktorarbeiten				
Wissenschaftleraustausch				
Gutachten/Expertisen				
gemeinsame FuE-Vorhaben (inkl. Vertragsforschung)				
geförderte Verbundprojekte				
andere, und zwar....................................				

9b   Wie ist Ihr Bedarf für folgende neuartige Kooperationsform? Bitte kreuzen Sie das entsprechende Feld an. (Frage entfällt für nichtuniversitäre Institutionen)

	großer Bedarf	mittlerer Bedarf	geringer Bedarf	kein Bedarf
Unternehmensfinanzierte Postdoc-Stellen an Ihrer Institution mit anwendungsorientierten FuE-Themen				

10   Wenn Ihre Institution *eigene* Forschung und Entwicklung im Bereich Biotechnologie betreibt, dann machen Sie bitte Angaben hierzu in der folgenden Liste der FuE-Schwerpunkte. Codieren Sie die FuE-Schwerpunkte nach dem beiliegenden Klassifikationsschema.
Für Forschung und Entwicklung (FuE) wird hier die international übliche Begriffsbestimmung zugrunde gelegt. *Nicht einzuschließen sind routinemäßige (Qualitäts-)Kontrollen, Inspektionen im Auftrage der öffentlichen Hände, Materialprüfungen, Erprobung und Standardisierung, Untersuchungen über die Durchführbarkeit vorgeschlagener technischer Projekte mit Hilfe bereits bekannter Verfahren, administrative und juristische Patent- und Lizenzarbeiten, die nicht unmittelbar im Zusammenhang mit FuE-Projekten stehen, Marktforschung, geistes- und sozialwissenschaftliche Forschung, Versuchsproduktion.*

Liste der FuE-Schwerpunkte Ihrer Institution im Bereich Biotechnologie

(FuE-Schwerpunkt ist ein FuE-Arbeitsgebiet mit verschiedenen
FuE-Projekten und herausragendem personellen und finanziellen Aufwand)

Inhalt/Thema (Code nach Klassifikationsschema)	eigene FuE-Personalkapazität in 1992 (In Personenjahren)	künftiger Entwicklungstrend (++ stark steigend, + steigend, +- gleichbleibend, - fallend)	Kooperationen (bitte ankreuzen)					keine Kooperationen
			Lieferung von Know-how an Externe			Nutzung von externem Know-how		
			im Rahmen von Aufträgen durch Externe	durch informellen Austausch	Inhalte (Code nach Klassifikations-schema)	im Rahmen von Aufträgen an Externe	durch informellen Austausch	

Anhang 2

KLASSIFIKATIONSSCHEMA

Klassifikationsschema zur biotechnologischen Forschung und Entwicklung

(Bitte beachten Sie beiliegende Beispiele und versuchen Sie, die FuE-Schwerpunkte durch Verwendung der zutreffenden Kategorien möglichst vollständig zu beschreiben.)

Anwendungsgebiete		Produktentwicklung		Verfahrensentwicklung/ Methodenentwicklung		Stadium	
A	Medizin	11	Pharmazeutika		Methodenentwicklung	I	Grundlagen
				aa	klass. Züchtung u. Vermehrung		
B	Chemie	12	Feinchemikalien (inkl. Antikörper, außer Enzyme und Pharmazeutika)	ab	Screening	II	Labormaßstab
				ac	Zellkulturtechnik		
	Umwelt			ad	Gentechnik	III	Technikumsmaßstab
C1	Boden	13	Massenchemikalien (außer Enzyme)	ae	Protein-Engineering		
C2	Wasser			af	Immobilisierung	IV	Pilotmaßstab
C3	Luft			ag	andere		
		14	Enzyme			V	Markteinführung
D	Ernährung				Verfahrensentwicklung		
		15	Energieträger	ba	Stoffumwandlung	VI	Bewertung
E	Landwirtschaft, Gartenbau			bb	Aufbereitung		
		16	Tiere, Pflanzen, Mikroorganismen (inkl. Zellkulturen, Saatgut)	bc	Prozeßführung		
F	Forstwirtschaft			bd	andere		
G	Energie	17	Werkstoffe	c	Analytik		
H	andere	18	Anlagen	d	Informatik/EDV		
		19	Geräte, Apparate, Reaktoren	e	andere		
		20	Neue Produkte (z.B. Membranen, Biosensoren)				
		21	andere				

Anhang 3

DEUTSCHER, BRITISCHER UND AMERIKANISCHER BETEILIGUNGSKAPITALMARKT IM ÜBERBLICK

A.1 Überblick zum europäischen Beteiligungskapitalmarkt[10]

Bedingt durch unterschiedliche Rahmenbedingungen, insbesondere die Stellung und Ausgestaltung des Kreditsektors, spiegelte das Beteiligungsvolumen auf den einzelnen Beteiligungskapitalmärkten in Europa zu Beginn der 80er Jahre nicht die jeweilige Wirtschaftskraft der betreffenden Staaten wider. In den größeren Volkswirtschaften hat sich jedoch im Verlauf des vorigen Jahrzehnts ein eigenständiges Beteiligungskapitalmarktsegment herausgebildet - z. T. auch begünstigt durch erhebliche öffentliche Förderungen. Die vom Anlagevolumen herausragende Stellung des britischen Marktes besteht zwar weiterhin noch, die Märkte anderer Staaten, insbesondere in Deutschland, Frankreich und Italien weisen mittlerweile jedoch eine größere Dynamik auf.

Ende 1992 bestand in Großbritannien ein kumuliertes Fondsvolumen von 16,7 Mrd. ECU, dies entspricht einem Anteil am europäischen Fondsvolumen insgesamt (38,5 Mrd. ECU) von 43 Prozent. Der zweitgrößte Markt ist der französische (Anteil: 19 %), gefolgt vom italienischen und deutschen (Anteil: jeweils 10 %). Im Hinblick auf die neu akquirierten Fondsmittel im Jahr 1992 (europaweit: 4,2 Mrd. ECU) ist die britische Dominanz deutlich geringer ausgeprägt. 30 Prozent aller in diesem Jahr **neu aufgenommener Fondsmittel** erfolgten auf dem britischen Markt, jeweils 20 Prozent auf dem französischen und deutschen sowie elf Prozent auf dem italienischen Markt. 1992 wurden europaweit insgesamt 4,7 Mrd. ECU in neue Beteiligungen oder in Aufstockungen bestehender Engagements investiert. Bezogen auf die Anzahl der Abschlüsse waren es rund 6.200 Investments. Für die größten Beteiligungsmärkte errechnen sich folgende **Anteile am 1992 investierten Kapital** (in Klammern: an der Anzahl der Abschlüsse):

- Großbritannien: 39 Prozent (33 %),
- Frankreich: 21 Prozent (30 %),
- Deutschland: 13 Prozent (11 %),
- Italien: elf Prozent (4 %).

---

[10] Die nachfolgenden Daten über den europäischen Beteiligungsmarkt und auch den britischen Markt sind entnommen aus (evca 1993).

Die wichtigsten Investorengruppen sind europaweit Kreditinstitute (35 % des bereit-gestellten Kapitals), Pensionsfonds (13 %), öffentliche Einrichtungen und Versicherungen (jeweils 9 %), Unternehmen (6 %) und Privatinvestoren (4 %). 16 Prozent des verfügbaren Kapitals stammt aus reinvestierten Gewinnen der Beteiligungsgesellschaften, der Rest aus sonstigen Quellen.

Lediglich 0,6 Prozent des investierten Kapitals diente der **Frühphasenfinanzierung** von 133 Neugründungen (Seed-Capital), 5,3 Prozent der **Aufbaufinanzierung** von 797 jungen Unternehmen (Start-up-Capital). Der Schwerpunkt lag ganz eindeutig auf der Wachstumsfinanzierung (Anteil: 46 %, 3.527 Unternehmen) sowie auf der Finanzierung von Management-Buy-Outs (Anteil: 40 %, 1.109 Unternehmen). Der Rest sind sonstige Finanzierungsanlässe.

Der Anteil von **Investments im Bereich der Biotechnologie** ist mit 1,3 Prozent verschwindend gering (61,6 Mio. ECU). Die Mittel, die im Fünf-Jahres-Zeitraum 1988 bis 1992 in Unternehmen der Biotechnologie investiert wurden, sind entgegen dem Gesamttrend deutlich rückläufig (vgl. die Abb. A.1 und A.2). Während 1989, dem Jahr mit den höchsten Investments im Biotechnologiebereich in der letzten Dekade, knapp 150 Mio. ECU an Beteiligungskapital neu bereitgestellt wurde, ist seitdem ein deutlicher Rückgang auf weniger als die Hälfte dieses Wertes 1992 zu konstatieren (Kirk/Walton 1993: 8). In den größten Volkswirtschaften Europas (Deutschland, Großbritannien und Frankreich) wurden 1992 jeweils nur rund 15 Mio. ECU in den Biotechnologiesektor investiert.

A.2 Der deutsche Beteiligungskapitalmarkt

A.2.1 Die Entwicklung des Beteiligungskapitalmarkts nach unterschiedlichen Typen von Beteiligungsgebern

Für den deutschen Beteiligungskapitalmarkt lassen sich im wesentlichen drei Entwicklungsstadien unterscheiden, in denen sich drei Grundtypen von Beteiligungsgesellschaften herausgebildet haben (vgl. u. a. Wupperfeld 1996: 79 - 85):

1. **Kapitalbeteiligungsgesellschaften des Finanzsektors:** Seit Mitte der 60er Jahre mit einem Schwerpunkt in der ersten Hälfte der 80er Jahre wurden maßgeblich von der Kreditwirtschaft und unter Beteiligung von Versicherungen und Unternehmen Kapitalbeteiligungsgesellschaften (KBG) gegründet, die mittelständischen, nicht emissionsfähigen Unternehmen Eigenkapital oder eigenkapitalähnliche Mittel anbieten. Die Kapitalbereitstellung dient dem Zweck, aus laufenden Beteiligungsentgelten Renditen zu erzielen und ist meist nicht mit einer Managementunterstützung für den Beteiligungsnehmer verbunden. Es werden aber auch nichtfinanzielle Ziele, wie z. B. Verbesserung der Kundenbeziehungen oder Public-Relation-Effekte, verfolgt. KGB unterliegen in ihrer Geschäftstätigkeit kaum regionalen Begrenzungen. Beteiligungsformen sind sowohl stille als auch direkte Beteiligungen am Gesellschaftskapital, überwiegend als Minderheitsbeteiligungen. Die Engagements haben einen langfristigen Charakter, eine Renditeerzielung über eine Wertsteigerung der Anteile erst bei einem Verkauf wird in der Regel nicht angestrebt. Eine Schwerpunktsetzung nach Industriebereichen erfolgt nicht. Nur vereinzelt zählen Neugründungen oder kleinere Unternehmen zum Kreis der Beteiligungsnehmer, überwiegend handelt es sich um etablierte Wachstumsunternehmen. Rund 30 Prozent der gegenwärtig aktiven Beteiligungsgesellschaften auf dem deutschen Beteiligungskapitalmarkt zählen zu diesem Typ. Auf sie entfällt über die Hälfte des Beteiligungsvolumens. Die durchschnittliche Beteiligungshöhe liegt bei über vier Mio. DM pro Engagement.

Abb. A.1:   Entwicklung des europaweit investierten Beteiligungskapitals im Bereich Biotechnologie

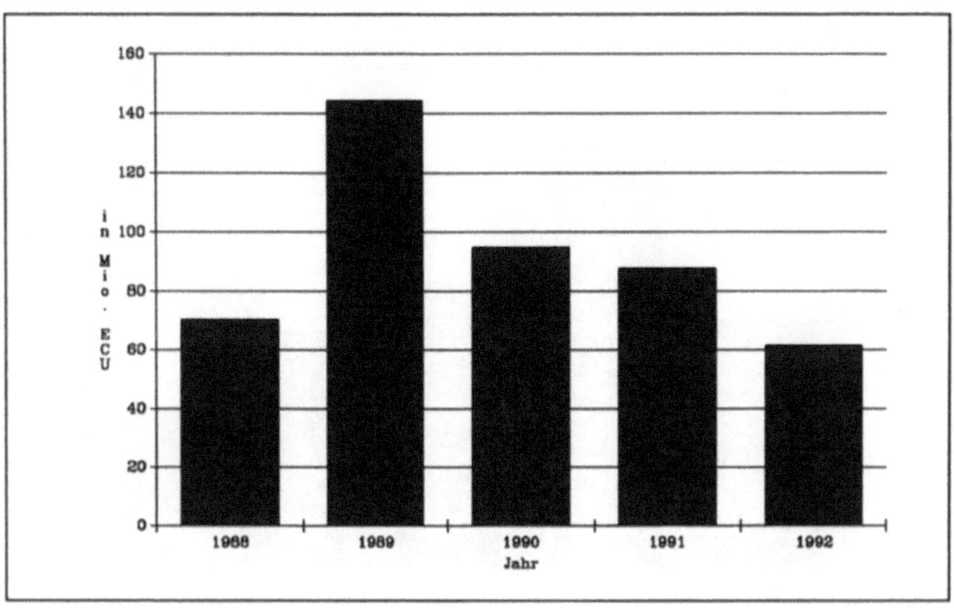

Mit der gleichen zeitlichen Verteilung wurden auch von Sparkassen, Genossenschaftsbanken und Volksbanken sowie deren Dachorganisationen Kapitalbeteiligungsgesellschaften gegründet. Sie dienen primär gewinnorientierten Zielen, additiv treten mit mehr oder weniger großem Gewicht auch Wirtschaftsförderaspekte hinzu. Ferner sind sie in ihrer Geschäftstätigkeit auf das Einzugsgebiet ihrer Trägerorganisation begrenzt. Knapp ein Viertel der deutschen Beteiligungsgesellschaften zählen zu diesem Typ, wobei die KBG von Sparkasseninstituten und ihren Dachorganisationen den höchsten Anteil haben. Ihnen kommt rein quantitativ eine deutliche geringere Bedeutung zu als den KBG der Banken, Versicherungen und Unternehmen (Anteil am Beteiligungsbestand etwa zehn Prozent, am Beteiligungsvolumen etwas geringer). Die durchschnittliche Beteiligungssumme beträgt rund 1,3 Mio. DM. Ihr Beteiligungsschwerpunkt entspricht in etwa dem der KBG der Banken, Versicherungen und Unternehmen. Auch sie verbinden die Kapitalbereitstellung nicht mit einer aktiven Managementunterstützung. Jedoch können durch die Zusammenarbeit mit anderen Institutionen in der Region personelle Kapazitäten zur Auswahl und Betreuung von Portfoliounternehmen herangezogen werden.

Abb. A.2:   Entwicklung des Anteils der Investments im Bereich Biotechnologie am insgesamt investierten Kapital

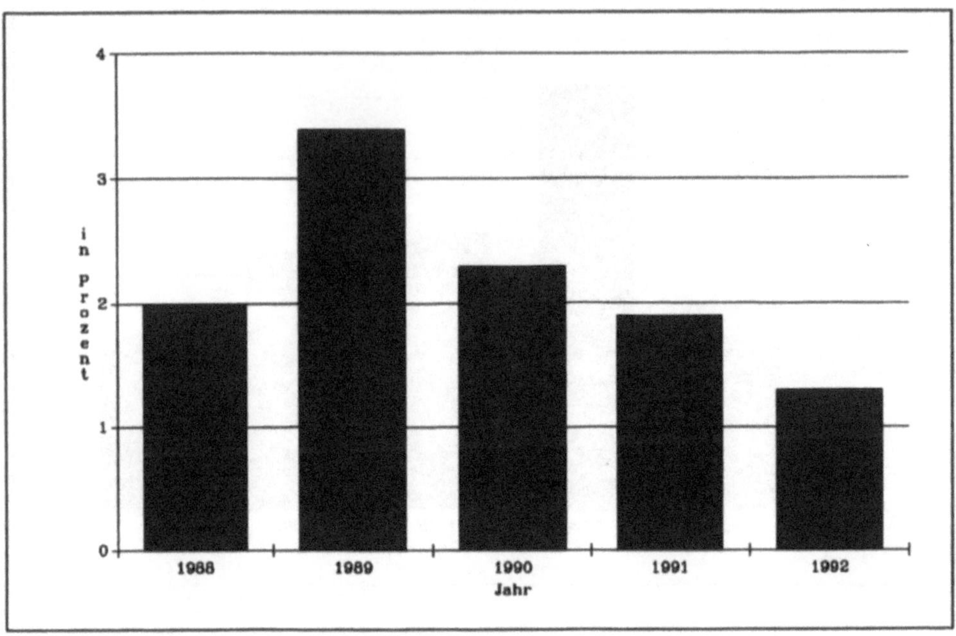

2. **Mittelständische Beteiligungsgesellschaften (MBG):** Anfang der 70er Jahre initiierten die einzelnen Bundesländer die Gründung von MBG, die als Selbsthilfeorganisationen der Wirtschaft meist von IHK, Landesbanken und regionalen Kreditinstituten getragen werden. Sie verfolgen mit der Kapitalbereitstellung das Ziel der Wirtschaftsförderung über die Verbesserung der Eigenkapitalbasis kleiner und mittlerer Unternehmen und sind in ihrer Geschäftstätigkeit auf das jeweilige Bundesland beschränkt. Die Kapitalhingabe ist meist nicht mit Unterstützungsleistungen für die Beteiligungsnehmer verbunden und erfolgt als stille Beteiligung. Den Spielraum für ihre Geschäftstätigkeit begrenzen Förderprogramme auf Bundes- und Länderebene, in erster Linie das ERP-Beteiligungsprogramm. Die aktivsten MBG sind die in Bayern, Baden-Württemberg und Hessen, während die MBG der übrigen Bundesländer bereits in der zweiten Hälfte der 70er Jahre ihr Beteiligungsgeschäft zurückgefahren oder sogar haben ruhen lassen. In allen neuen Bundesländern ist es in den vergangenen Jahren ebenfalls zur Gründung solcher MBG gekommen. Auf MBG

entfällt mehr als die Hälfte der Beteiligungen auf dem deutschen Beteiligungskapitalmarkt, jedoch nur ein Sechstel des Beteiligungsvolumens. Die durchschnittliche Beteiligungssumme beträgt knapp eine halbe Million DM. Der Beteiligungsschwerpunkt aller MBG liegt bei der Kapitalbereitstellung für kleine und mittlere Unternehmen. Existenzgründungen spielen nur dort eine Rolle, wo Länderförderungen Refinanzierungsmöglichkeiten für solche Engagements bieten. Branchenschwerpunkte lassen sich nicht feststellen, vielmehr spiegeln die Engagements die jeweilige Wirtschaftsstruktur der einzelnen Bundesländer wider.

3. **Venture-Capital- und Seed-Capital-Gesellschaften:** Zu Beginn der 80er Jahre wurden in Deutschland - stimuliert durch Erfolgsmeldungen vom amerikanischen Venture-Capital-Markt - von Banken und Industrieunternehmen verstärkt Venture-Capital-Gesellschaften nach amerikanischem Vorbild[11] gegründet, die vornehmlich direkte Beteiligungen an potentiellen Wachstumsunternehmen abschließen. Es handelt sich dabei um unabhängige Fonds, d. h. die Renditeerzielung steht im Vordergrund, sonstige nicht-monetäre Ziele spielen keine Rolle. In den ersten Jahren nach ihrer Gründung lag ein Beteiligungsschwerpunkt der Venture-Capital-Gesellschaften auf Engagements an jungen Technologieunternehmen. Die fehlenden Erfahrungen in Deutschland mit der Bewertung und Managementunterstützung innovativer Gründungsvorhaben führten zu einer hohen Mißerfolgsquote in diesem Bereich. Dies und der in Relation zum Beteiligungsbetrag hohe Auswahl- und Betreuungsaufwand bewirkten jedoch relativ schnell

---

[11] Die erste deutsche Venture-Capital-Gesellschaft stellte die Deutsche Wagnisfinanzierungs-Gesellschaft (WFG) dar, die 1975 unter Mitwirkung des BMFT (jetzt BMBF) von 27 führenden Kreditinstituten gegründet wurde. Ausgangspunkt war die Tatsache, daß sich durch die vorangegangenen Aktivitäten kein Angebot an Beteiligungskapital entwickelte, das auf einen langfristigen Wertzuwachs orientiert und damit für die Beteiligungsnehmer liquiditätsschonend war (keine laufenden Auszahlungen für Beteiligungsentgelte) und vor allem auch die frühen Entwicklungsphasen junger Technologieunternehmen abdeckte. Das Ziel der WFG war die Bereitstellung von risikotragendem Kapital vornehmlich für mittlere und kleine Unternehmen für die Realisierung aussichtsreicher Erfindungen und (technischer) Innovationen. Die Kapitalbereitstellung war auch mit einem Beratungs- und Unterstützungsangebot für alle Fragen des Managements verbunden. Bis Ende der 70er Jahre investierte die WFG vornehmlich in junge Technologieunternehmen, wies jedoch aufgrund fehlender Erfahrungen in diesem Geschäft eine hohe Mißerfolgsquote auf. Die danach erfolgte Schwerpunktverlagerung auf die Finanzierung späterer Unternehmensphasen bei etablierten (Technologie-) Unternehmen konnte die anfänglichen Verluste nicht wettmachen, so daß die WFG insgesamt für die Investoren nicht zu nennenswerten Renditen führte. Auch konzeptionsbedingte Ursachen waren neben den fehlenden Erfahrungen hierfür verantwortlich (vgl. Mayer/Müller 1991).

eine Konzentration auf Engagements an etablierten Wachstumsunternehmen. Einige der Anfang der 80er Jahre gegründeten Venture-Capital-Gesellschaften haben nie einen vollen Geschäftsbetrieb aufgenommen, andere wurden bereits nach wenigen Jahren ihrer Geschäftstätigkeit wieder eingestellt. Seit Mitte der 80er Jahre wurden nur wenige neue Fonds mit einem größeren Kapitalvolumen und Investitionsschwerpunkt in Deutschland aufgelegt. Bezogen auf die Finanzierungsphasen ist eine deutliche Annäherung zwischen Venture-Capital-Gesellschaften und den übrigen Beteiligungsgesellschaften (insbesondere KBG der Banken, Versicherungen und Unternehmen) festzustellen: Der Investitionsschwerpunkt liegt für beide Typen eindeutig in der Expansionsfinanzierung, Frühphasenengagements spielen bezogen auf das Anlagevolumen keine nennenswerte Rolle. In den letzten Jahren kam es verstärkt zur Gründung von Tochtergesellschaften bzw. Zweigniederlassungen größerer ausländischer Beteiligungsgesellschaften, die ebenfalls in Wachstumsunternehmen mit und ohne Technologieorientierung investieren. Beteiligungen an jungen Technologieunternehmen spielen allerdings auch für diese keine Rolle.

Seit Ende der 80er Jahre entstanden als eine Sonderform von Venture-Capital-Gesellschaften etwa zehn sogenannte **Seed-Capital-Gesellschaften**. Ihr Beteiligungsschwerpunkt liegt auf der Finanzierung der Keim- und Aufbauphase von jungen Technologieunternehmen, d. h. Finanzierung der Entwicklung eines innovativen Leistungsangebots und dessen Markteinführung. Die geringen Erfolge von Venture-Capital-Gesellschaften, insbesondere bei Investments in junge Technologieunternehmen, führten allgemein zu einer deutlichen Reserviertheit potentieller Investoren in Beteiligungskapital. Das hat zur Folge, daß die meisten dieser Seed-Capital-Gesellschaften erhebliche Probleme bei der Kapitalakquisition (dem sog. Fund-Raising) hatten bzw. haben und daher nur über relativ geringe Fondsvolumina verfügen. Sie sind schwerpunktmäßig auf die Nutzung öffentlicher Förderangebote für die Kapitalbereitstellung angewiesen. Aufgrund des für Frühphasenengagements längeren zeitlichen Horizonts bis sich der Erfolg der Portfoliounternehmen und damit auch der Erfolg der Fonds zeigt, ist gegenwärtig noch nicht absehbar, ob sich in Deutschland ein eigenständiges Seed-Capital-Segment mit spezialisierten Beteiligungsgesellschaften etablieren kann.

A.2.2 Beteiligungsvolumen auf dem deutschen Beteiligungskapitalmarkt und Anteil von Investments im Bereich Biotechnologie

Der deutsche Beteiligungskapitalmarkt erlebte ab 1985 eine dynamische Entwicklung mit hohen jährlichen Zuwachsraten bezogen auf das neuinvestierte Kapital und damit auch bezogen auf das Gesamtvolumen des investierten Kapitals. Nach Angaben des Bundesverbandes deutscher Kapitalbeteiligungsgesellschaften - German Venture Capital Association e. V. (BVK) hat sich das Marktvolumen von 1983 bis 1992 auf das Sechsfache erhöht und die Anzahl der Beteiligungen mehr als verdoppelt (BVK 1993b: 21ff.). Der Durchschnittsbetrag von Beteiligungen erhöhte sich in diesem Zeitraum von einer dreiviertel Million auf knapp zwei Mio. DM. Zwar ging der Anteil der öffentlich geförderten Beteiligungsgesellschaften am gesamten Beteiligungsvolumen deutlich zurück (von 21 auf knapp 12 %), auf sie entfiel Ende 1992 immerhin noch ein Volumen von rund 540 Mio. DM. Solche Gesellschaften gehen aber deutlich mehr Engagements (1992: rund 2.500) ein als private Beteiligungsgesellschaften[12].

Laut BVK hatten bis Ende 1992 alle in Deutschland tätigen Beteiligungsgesellschaften insgesamt 232 Mio. DM in Unternehmen im Bereich Biotechnologie investiert (BVK 1993b: 164ff.). Dies entspricht einem Anteil von 4,5 Prozent an der Gesamtsumme aller bis dahin eingegangenen Beteiligungen von 5,1 Mrd. DM. Die Engagements im Biotechnologiebereich bezogen sich auf 104 Unternehmen. Dies entspricht einem durchschnittlichen Beteiligungsbetrag pro Unternehmen von 2,2 Mio. DM. Eine Aufschlüsselung nach der Finanzierungsphase oder der Größe der Beteiligungsnehmer enthält die entsprechende Statistik nicht. Da jedoch der Anteil von Seed- und Start-up-Engagements am gesamten Beteiligungsvolumen insgesamt relativ gering ist, kann angenommen werden, daß kleine und junge Biotechnologieunternehmen nur eine untergeordnete Rolle für Beteiligungsgesellschaften spielen[13].

---

[12] Die entsprechenden Daten für die privaten Beteiligungsgesellschaften: Ende 1992 Bestand von 956 Engagements mit einem Volumen von 4,1 Mrd. DM, Durchschnittsbetrag pro Investment von 4,33 Mio. DM (BVK 1993b: 22).

[13] Im Seed-Bereich: 1,6 Prozent des Beteiligungsvolumens, Beteiligungen an 193 Unternehmen, durchschnittliches Beteiligungsvolumen: 0,42 Mio. DM;

. . .

Generell gibt es nur wenige Beteiligungsgesellschaften mit einer eindeutigen Branchenspezialisierung. Keine Beteiligungsgesellschaft im aktiven Beteiligungsgeschäft hat sich auf den Bereich Biotechnologie spezialisiert. Aus diesem Grund und wegen des geringen Stellenwertes von Biotechnologieunternehmen im Portfolio der Gesellschaften fehlt entsprechendes Know-how für die Bewertung und vor allem für die Unterstützung von Biotechnologieunternehmen bei bestehenden Beteiligungsgesellschaften.

A.3   Der Venture-Capital-Markt in Großbritannien

Der britische Beteiligungsmarkt weist im Vergleich zu allen europäischen Staaten das größte Volumen und die längste Tradition auf. Das rapide Wachstum dieses Marktes setzte Anfang der 80er Jahre ein. Die Ursachen werden in der positiven Entwicklung der britischen Industrie, der Verbesserung des unternehmerischen Umfeldes unter der Regierung Thatcher, der Schaffung eines funktionierenden Zweitmarktes für den Börsenzugang kleiner und mittlerer Unternehmen sowie der ökonomischen Relevanz von Management-Buy-Outs gesehen. Seit Anfang der 90er Jahre hat sich das rapide Wachstum des Marktes, zeitlich parallel zur wirtschaftlichen Rezession in Großbritannien und beeinflußt vom überhitzten Management-Buy-Out-Bereich, deutlich verlangsamt. Der Rückgang bei den durchschnittlich erzielten Renditen der Beteiligungsgesellschaften wirkte abschreckend auf die Investoren und bewirkte eine rückläufige Akquisition neuer Fondsmittel.

Zum 31.12.1992 hielten in Großbritannien tätige Beteiligungsgesellschaften ein Beteiligungsvolumen von 6,4 Mrd. £, das verfügbare Fondsvolumen lag insgesamt bei 12,3 Mrd. £. Zum Vergleich hierzu die Daten für 1986: 2,4 Mrd. £ Beteiligungsvolumen und 3,67 Mrd. £ verfügbares Fondsvolumen. Insgesamt wurden 1992 1,35 Mrd. £ neu investiert, davon gut einer Mrd. £ in Neuengagements (Anzahl: 1.041) und 0,3 Mrd. £ in Aufstockungen bestehender Engagements (1.026). Das ins-

---

im Start-up-Bereich: 5,8 Prozent des Beteiligungsvolumens, Beteiligungen an 594 Unternehmen, durchschnittliches Beteiligungsvolumen: 0,5 Mio. DM.

gesamt investierte Beteiligungskapital lag 1992 gegenüber dem Vorjahr um zwölf Prozent höher, die Anzahl der eingegangenen Beteiligungen aber um elf Prozent niedriger. Die Differenz zwischen Betrag und Anzahl ist auf die Finanzierung einiger weniger großer Management-Buy-Outs zurückzuführen.

Bezogen auf die neu akquirierten Mittel zum Eingehen von Beteiligungen zeichnet sich seit Anfang der 90er Jahre eine Konsolidierung ab. Lagen die jährlichen Zuwachsraten in den 80er Jahren zwischen 20 und 30 Prozent, so sind sie 1990 und 1991 auf unter zehn Prozent gesunken. 1992 erfolgten Desinvestments in Höhe von 0,7 Mrd. £, wobei der Anteil der Abschreibungen von Beteiligungen bei gut einem Drittel lag. Etwa gleich häufig wurden Beteiligungen über den Gang zur Börse veräußert. Rund ein Fünftel der desinvestierten Engagements wurden an andere Unternehmen verkauft, der Rest beschritt sonstige Desinvestmentwege.

Im britischen Markt kommt Pensionsfonds als Investoren die größte Bedeutung zu. Sie investierten 1992 340 Mio. £ in Beteiligungsgesellschaften, was einem Anteil am insgesamt neu akquirierten Fondskapital von 37 Prozent entspricht. Die zweitwichtigste Investorengruppe sind Banken (21 %), gefolgt von Versicherungen (12 %). Rund 18 Prozent der neuen Fondsmittel stellen reinvestierte Gewinne aus früheren Engagements dar. Der britische Markt wird ganz eindeutig auch von britischen Investoren getragen, 84 Prozent der investierten Mittel stammt aus heimischen Quellen, zwölf Prozent von nicht-europäischen und der Rest von anderen europäischen Anlegern.

Die evca unterscheidet nach dem Typ des Investors vier Klassen von Beteiligungsgesellschaften: Unabhängige Fonds, "captive"-Fonds, d. h. Beteiligungsgesellschaften, die Teil einer größeren Finanzierungsinstitution sind, "semi-captive"-Fonds, die Teil einer solchen Organisation sind, aber wie unabhängige Fonds arbeiten, sowie öffentlich getragene Fonds. Zwei Drittel aller Engagements haben 1992 unabhängige Fonds abgeschlossen (55 % bezogen auf das dabei investierte Kapital). Auf die captive-Fonds entfiel ein Anteil von 22 Prozent (24 %), auf die semi-captive-Fonds sieben Prozent (11 %) und auf die öffentlich getragenen Fonds lediglich zwei Prozent (1 %).

Unberücksichtigt in diesen Daten bleiben die sogenannten Business Angels, d. h. Privatpersonen, die mehr oder weniger große Summen in ein Einzelengagement investieren, meist in einem sehr frühen Entwicklungsstadium einer Neugründung und damit eine Anschubfinanzierung sicherstellen. Solche informellen Investoren haben vier Mrd. £ in den Aufbau neuer Unternehmen in Großbritannien investiert (Mason/Harrison 1992). Besondere Branchenschwerpunkte bestehen dabei nicht, auch gibt es keinen Schwerpunkt im High-Tech-Bereich.

Bezogen auf den Beteiligungszweck dominiert seit mehreren Jahren die Finanzierung von Management-Buy-Outs, knapp zwei Drittel (0,85 Mrd. £) des 1992 investierten Beteiligungskapitals entfiel auf diesen Bereich. Aufgrund der überdurchschnittlichen Größe solcher Investments lag der Anteil von Management-Buy-Outs bezogen auf die Anzahl nur bei 31 Prozent. Gegenüber dem Vorjahr hat die Bedeutung von Management-Buy-Outs noch deutlich zugenommen. Die zweite Stelle nehmen Expansionsfinanzierungen ein (54 % der Engagements und 31 % des investierten Kapitals). In die Finanzierung junger Unternehmen (sog. Seed- und Start-up-Phase) floß 1992 nur 38,8 Mio. £, was einem Anteil von zusammen drei Prozent entspricht. Zu Beginn der 80er Jahre war der entsprechende Anteil wesentlich höher. Er reduzierte sich aber bereits in den nachfolgenden Jahren. 1986 betrug er 14,5 Prozent und ist vor allem ab 1989 stetig auf das jetzige niedrige Niveau gesunken.

Den größten Anteil bezogen auf die Branchen- und Sektorverteilung nimmt der Konsumbereich mit einem Viertel des 1992 investierten Beteiligungskapitals ein. Auf das Verarbeitende Gewerbe entfällt ein Anteil von 43 Prozent. Dem Bereich Biotechnologie kommt mit 0,8 Prozent oder 11,5 Mio. £. nur eine verschwindend geringe Bedeutung zu. 1991 lagen die entsprechenden Daten bei 1,2 Prozent bzw. 14,5 Mio. £. Der Rest entfällt auf den Dienstleistungssektor.

Der Anteil von Investments in Biotechnologieunternehmen liegt mit den genannten 0,8 Prozent noch deutlich unter dem ohnehin sehr niedrigen Anteil im gesamten europäischen Beteiligungskapitalmarkt. Die Mittel flossen in 40 Biotechnologieunternehmen (1991: 67 Unternehmen). Daher kann von einer deutlichen Zurückhaltung britischer Beteiligungsgesellschaften gegenüber solchen Engagements gesprochen werden (Ward 1994: 21). Während die Hälfte der Beteiligungsgesellschaften Biotechnologie-Engagements explizit meidet, haben lediglich 20 Prozent Präferenzen für diesen Bereich. Als Ursache wird angeführt, daß Beteiligungskapitalgeber aufgrund der bisher bestandenen Börsenzulassungsvorschriften nur geringe Exit-Möglichkeiten über eine Börseneinführung entsprechender Portfoliounternehmen sehen. Zwar wurden diese Vorschriften auch auf Druck expandierender Biotechnologieunternehmen zwischenzeitlich modifiziert, es bestehen allerdings Zweifel, ob diese Änderungen solche Unternehmen vor einer Börseneinführung am US-Aktienmarkt abhalten werden.

Nach Einschätzung der evca bestehen in Großbritannien im Vergleich zu den anderen europäischen Staaten die günstigsten rechtlichen und steuerlichen Rahmenbedingungen für Beteiligungskapital. Eine Reihe von staatlichen Fördermaßnahmen für diesen Markt wirkte sich positiv aus, z. B. das Venture Capital Scheme, das Business Expansion Scheme und das Share Incentive Scheme, auch wenn deren Ziele nicht voll erreicht wurden. Insbesondere ist es nicht gelungen, private Kleinanleger für Investments in nichtnotierte und junge Unternehmen zu motivieren.

A.4 Der amerikanische Venture-Capital-Markt[14]

Bereits vor und verstärkt nach dem zweiten Weltkrieg entwickelte sich zuerst in den USA der organisierte Venture-Capital-Markt zu einem eigenständigen Finanzierungsinstrument; er wurde Vorbild für europäische Entwicklungen. Venture Capital dient vor allem der Finanzierung schneller struktureller Änderungen in Unternehmen wie Wachstums-, Produktionsumstellungs- und Diversifikationsprozesse sowie zum raschen Aufbau neuer, häufig auf Marktnischen oder neue Märkte ausgerichteter Unternehmen. Die Institutionalisierung des Venture-Capital-Marktes begann 1946 mit der Gründung der American Research and Development Corporation (ARD). Ihr Ziel war es, Eigenkapital für die Vermarktung bereits entwikelter neuer Produkte, Verfahren oder Dienstleistungen bereit zu stellen. Sie hat das Venture-Capital-Geschäft vor allem durch ihre erfolgreiche Beteiligung bei Digital Equipment vorangetrieben[15]. Der Venture-Capital-Markt in den USA blühte allerdings erst nach 1960 mit der Finanzierung von "High-Tech"-Unternehmen deutlich auf, als diese in größerer Anzahl entstanden und hohe Wachstumsraten aufwiesen. Venture Capital zielt nicht primär auf eine "High-Tech"-Förderung. Das Hauptinteresse ist ein rasches Wachstum der

---

[14] Abschnitt weitgehend entnommen aus Kulicke u.a. 1993: 216-218; vgl. auch Wupperfeld 1996: 65-72.

[15] Sie erzielte beim Desinvestment ihrer Anteile, für die sie 60.000 $ zahlte, einen Erlös von 400 Mio. $.

Portfoliounternehmen. Daher beteiligen sich amerikanische Venture-Capital-Gesellschaften auch an einer beachtlichen Anzahl von Unternehmen aus "Low-Tech"- oder "No-Tech"-Bereichen (z. B. Fast-Food-Ketten oder Immobiliengesellschaften)[16].

Nach einer Statistik von Venture Economics betrug 1991 das gesamte, für Beteiligungen verfügbare Kapital der insgesamt 640 Venture-Capital-Gesellschaften rund 33 Mrd. $[17]. In der Dekade 1982-1991 wurden rund 13.000 Investments eingegangen, davon rund 5.300 Erstinvestments. Während in den 70er Jahren das verfügbare Venture Capital bei 2,5 bis 3,5 Mrd. $ lag, erfolgte danach ein sprunghafter Anstieg (bis 1990 Verzehnfachung des Betrags von 1980). 1991 war dagegen ein Rückgang um rund neun Prozent festzustellen. Die Investments des Jahres 1991 erreichten das niedrigste Niveau seit zehn Jahren. Allerdings konnten Venture-Capital-Gesellschaften im Jahr 1992 wieder insgesamt 2,55 Mrd. $ neue Mittel von Anlegern akquirieren.

Die größten Fonds (37 verwalten ein Fondsvolumen von jeweils über 200 Mio. $) kontrollieren 60 Prozent des Kapitals. 205 Gesellschaften weisen ein Fondsvolumen von weniger als zehn Mio. $ auf. Sie sind meist regional oder auf spezielle Marktsegmente konzentriert. Der Anfang der 90er Jahre zu beobachtende Rückgang der Investments und des verfügbaren Fondsvolumens ist auch auf niedrige Renditen einer Reihe von Fonds zurückzuführen, die die weitere Kapitalakquisition behinderte. Diese sind vielfach in den Jahren 1987/88 weniger erfolgreiche Engagements eingegangen, als zwar sehr viel neues Kapital von Investoren bereitgestellt wurde, dem aber kein adäquater Anstieg erfolgversprechender Investitionsgelegenheiten gegenüberstand.

---

[16] Drei Viertel aller Venture-Capital-Investments zwischen 1969 und 1987 erfolgten noch in High-Tech-Unternehmen (vgl. Florida et al.1990).

[17] Zitiert in (BVK 1993a). Es wird die Entwicklung der amerikanischen Venture-Capital-Industrie in den 80er Jahren und im Übergang zu den 90er Jahren aufgezeigt. Auf dieser Quelle basieren - sofern nicht anders vermerkt - die nachfolgenden Angaben zum amerikanischen Venture-Capital-Markt.

Rund zwei Drittel des verfügbaren Venture Capitals in den USA wird von sogenannten Independent Funds verwaltet[18], d. h. Gesellschaften, die Kapital von privaten Anlegern, Pensionsfonds[19], Stiftungen und ausländischen Investoren akquiriert haben. Ein weiteres Viertel des Venture-Capital-Marktes entfällt auf sogenannte Corporate Venture Capital Firms. Sie werden von Banken, Versicherungen und Industrieunternehmen getragen und sind häufig nach speziellen (monetären und nicht-monetären) Interessen ihrer Kapitalgeber tätig[20]. Die restlichen zehn Prozent halten Small Business Investment Companies (SBIC)[21], die einer öffentlichen Zulassung unterliegen und ihr Beteiligungskapital für kleine und mittlere Unternehmen - ähnlich den deutschen MBG - zur Hälfte über langfristige öffentliche Kredite refinanzieren. Die Realisierung der Wertsteigerungen durch Verkauf der Beteiligungen wird wesentlich durch die Existenz eines funktionierenden Marktes für Neuemissionen im Freiverkehr begünstigt. Über den sogenannten "Over-the-Counter-Market" erfolgen fast alle Desinvestitionen amerikanischer Venture-Capital-Gesellschaften.

Nach der bereits zitierten Studie von Venture Economics läßt sich ein Rückgang in der relativen Bedeutung von Seed- und Start-up-Engagements von 1985 bis 1991 feststellen. Während 1985 15 Prozent der neuen Investments auf dieses Segment entfielen (1986 sogar 19 %), errechnet sich für 1991 ein Anteil von zehn Prozent[22]. Da-

---

[18] Zu den Merkmalen der einzelnen Typen amerikanischer Beteiligungsgesellschaften vgl. Florida et. al. 1990: 17 ff., die allerdings eine etwas andere Typenabgrenzung vornehmen.

[19] Sie dürfen seit Mitte der 70er Jahre bis zu fünf Prozent ihres jeweiligen Kapitals in Venture-Capital-Fonds investieren. Von den Pensionsfonds kommt ein Drittel des gesamten Venture Capitals.

[20] Die verfolgten nichtfinanziellen Ziele sind z. B.: 1. Einblick in neue Produkte, Technologien und Märkte (Schaffung eines sogenanntes "window on technology"); 2. Identifizierung und Heranziehung potentieller Akquisitionsunternehmen für das eigene Wachstum und Diversifikation; 3. Gewinnung neuer Zulieferer, Abnehmer oder Kooperationspartner.

[21] Sie basieren auf dem Small Business Investment Company Act von 1958. Zwischen 1960 und 1962 entstanden 585 solcher staatlich geförderten privaten Beteiligungsgesellschaften. Sie verfügen überwiegend über relativ kleine Fonds (vgl. BVK 1993a: 2).

[22] Florida und Smith 1993: 96 argumentieren, daß das aktuelle Investitionsvolumen im Seed- und Start-up-Bereich eher einen wünschenswerten Level gegenüber dem Overfunding der späten 80er Jahre darstellen. Aus dem Überangebot an anlagebereitem Kapital resultierten folgende Effekte:

– Finanzierung weniger erfolgreicher Projekte,

– Trend zu größeren Einzelabschlüssen und späteren Phasen, um mehr Kapital zu investieren und die begrenzte Managementkapazität zu schonen,

– attraktive Engagement wurden teurer, da ein größerer Wettbewerb zwischen den Venture-Capital-Gesellschaften bestand,

. . .

von entfallen 40 Prozent auf Seed-Engagements. Der Schwerpunkt liegt weiterhin auf der Expansionsfinanzierung. Allerdings kann in den letzten Jahren wieder von einer Zunahme bei Frühphasenbeteiligungen gesprochen werden. 1989 bis 1991 wurden sieben spezielle Seed-Fonds gegründet. Auch ein Teil der Venture-Capital-Gesellschaften mit Beteiligungsschwerpunkt in anderen Marktbereichen investieren weiterhin in Neugründungen und junge Unternehmen. Der Betrag an Venture Capital für Seed- und Start-up-Investments ging von einem Durchschnittswert Mitte der 80er Jahre von jährlich 500 Mio. $ auf 150 Mio. $ in den 90er Jahren zurück (Florida/Smith 1993: 93). Die wichtigste Kapitalquelle solcher Unternehmen stellen jedoch die sogenannten Business Angels dar. Das sind reiche Privatinvestoren, teilweise selbst frühere Gründer, deren Anzahl auf rund 250.000 geschätzt wird und die jährlich in 80.000 bis 200.000 Unternehmen zwischen 20 und 30 Mrd. $ investieren[23].

Eine Studie von Gupta (1990) zu den Quellen von risikotragendem Kapital für Neugründungen im Jahr 1988 kommt zu folgenden Ergebnissen:
– 35 Prozent des Kapitals stammt von Privatinvestoren,
– 25 Prozent von anderen Unternehmen,
– 15 Prozent von Venture-Capital-Gesellschaften,
– 15 Prozent aus öffentlichen Zuschußförderprogrammen für FuE-Aktivitäten von kleinen und mittleren Unternehmen sowie
– zehn Prozent von öffentlichen und lokalen Entwicklungsgesellschaften.

Amerikanische Großunternehmen investieren zusehens mehr direkt in Neugründungen und ersetzen dadurch Venture-Capital-Gesellschaften als eine Kapitalquelle für High-Tech-Gründungen (Florida/Smith 1993: 95). Das trifft vor allem für pharmazeutische Großunternehmen im Medizin- und Biotechnologiesektor zu.

– Venture-Capital-finanzierte Ausgründungen aus etablierten Unternehmen schwächen diese Inkubatororganisationen und

– unerfahrene Venture-Capital-Manager mit fehlendem Know-how und Kontaktnetz traten auf dem Markt auf.

[23] Gaston, 1989 schätzt deren Anzahl auf 720.000 informelle Investoren, die 36 Mrd. $ Beteiligungskapital bereitgestellt haben und jährlich in 87.000 Gründungsprojekte investieren. Er weist auf deren stark lokale Orientierung im Beteiligungsverhalten hin und auf die Beobachtung, daß die Engagements weniger technikorientiert erfolgen als bei professionellen Beteiligungsgesellschaften.

Zwischen 1971 und 1987 sind in den USA mehr als 350 Biotechnologieunternehmen gegründet worden (Bygrave/Timmons 1992: 115). Die gesamten Venture-Capital-Investments in diese Unternehmen werden auf eine bis zwei Mrd. $ geschätzt. Mittlerweile wurde aus verschiedenen Kapitalquellen das zehnfache und mehr in den Bereich Biotechnologie investiert (in neugegründete und etablierte Unternehmen insgesamt). Dabei hat Venture Capital eine essentielle Rolle gespielt, insbesondere bei der Finanzierung der Anfangsjahre bis zur Börseneinführung. Den hohen Investitionen stehen aufgrund der sehr langen Zeiträume bis zum Marktdurchbruch lange Jahre noch vergleichsweise geringe Umsätze und Gewinne gegenüber. Die zehn führenden Biotechnologieunternehmen in den USA wiesen Ende 1989 zusammen Umsätze von knapp einer Mrd. $ bei mehr als 33 Mio. $ Verlusten und FuE-Aufwendungen von über 400 Mio. $ auf (Bygrave/Timmons 1992: 120). Wenn jedoch der Marktdurchbruch erreicht wird, steigen die Umsätze sehr schnell an. Das nach eigenen Angaben gegenwärtig weltweit größte Biotechnologieunternehmen Amgen Inc. erzielte 1989 erst einen Umsatz von 152 Mio. $ bei einem Gewinn von knapp 20 Mio. $. 1993 wies Amgen bereits einen Umsatz von 1,4 Mrd. $ bei einem Gewinn nach Steuern von 356 Mio. $ auf (Umsatzrendite 26 %). Es beschäftigte 2.500 Mitarbeiter.

Im Zeitraum 1987 bis 1989 wurden nach Angaben von Venture Economics auf dem US-amerikanischen Markt acht Prozent des Beteiligungskapitals in Unternehmen der Biotechnologie investiert. In absoluten Zahlen bedeutet dies ein Volumen von rund 900 Mio. $. Ende der 80er und Anfang der 90er Jahre ist der absolute Anteil der Biotechnologie noch weiter angestiegen, zusammen mit dem noch größeren Bereich der Medizintechnik bildet er gegenwärtig einen Anlageschwerpunkt amerikanischer Venture-Capital-Gesellschaften. Der Sektor mit dem größten Anteil in diesem Zeitraum stellten Unternehmen dar, die Computer-Hardware und -Software entwickelten bzw. vertrieben. Allerdings ist seit Ende der 80er Jahre festzustellen, daß der Bereich der Konsumgüter einen immer größeren Anteil am investierten Beteiligungskapital einnimmt, während der Anteil von High-Tech-Engagements deutlich rückläufig ist.

A.5 Vergleich des deutschen, britischen und amerikanischen Beteiligungskapitalmarktes

Das neu investierte Beteiligungsvolumen lag auf dem amerikanischen Markt im Jahr 1992 deutlich unter den Rekordjahren 1987/88, in denen jeweils knapp vier Mrd. $ neu angelegt wurden. Auf dem britischen Markt wurde 1992 etwa gleich viel Kapital neu investiert wie auf dem amerikanischen. Die Dynamik des deutschen Marktes gegenüber dem amerikanischen Pendant zeigt sich darin, daß der in den 80er Jahren bestandene erhebliche Abstand in den jährlichen Neuengagements mittlerweile in dem Umfang nicht mehr besteht, insbesondere wenn man sich die Größe der beiden Volkswirtschaften vor Augen führt. Dagegen zeigt Abbildung A.3 den geringeren Stellenwert von Engagements im Biotechnologiebereich in Deutschland gegenüber den USA und Großbritannien.

Bedingt durch die hohe Konzentration der bereitgestellten Mittel für die Finanzierung von Management-Buy-Outs und Expansionen etablierter Unternehmen, spielt das Seed- und das Start-up-Segment im britischen Markt nur eine verschwindend geringe Rolle (vgl. Abbildung A.4). Insbesondere kann hier von einem Angebot zur Finanzierung der ersten Aktivitäten im Unternehmensaufbau (Seed-Phase) nicht gesprochen werden. Zwar fällt im Drei-Länder-Vergleich bereits der erheblich höhere Anteil von Seed-Investments auf dem amerikanischen Markt auf, diese Angaben schließen jedoch die Business Angels nicht mit ein, denen aber eine herausragende Rolle gerade bei der Anfangsfinanzierung von Neugründungen in den USA zukommt. Ein Vergleich zwischen Beteiligungsvolumen und Struktur seiner Anlage läßt den Schluß zu, daß zwar der deutsche Beteiligungskapitalmarkt als Ganzes nicht mehr als unterentwickelt gelten kann, dies allerdings weiterhin noch für das Seed-Segment zutrifft.

Anders als in den USA ist in Deutschland die Biotechnologie kein spekulativer Bereich für Kapitalanleger, so daß für entsprechende Engagements an jungen und kleinen Unternehmen von potentiellen Investoren kaum in nennenswertem Umfang Mittel für einen Fonds eingeworben werden können. Die Kapitalgeberseite dominiert eindeutig der Bankensektor. Das Kapital auf dem deutschen Beteiligungskapitalmarkt stammt laut Angaben des BVK (BVK 1993b: 164) von[24]:

– privaten Banken (42 %),

– öffentlich rechtlichen Banken (19 %),

– Versicherungen (15 %),

Abb. A.3:   Volumen des 1992 neu investierten Beteiligungsvolumens und Anteil von Beteiligungskapital in Biotechnologieunternehmen

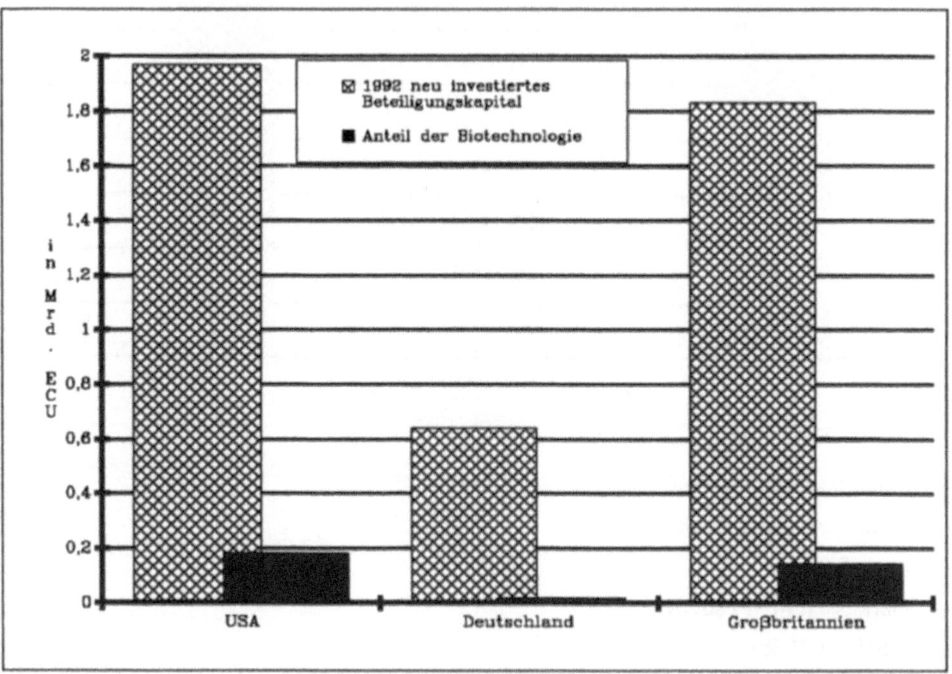

---

[24] Die Prozentangaben beziehen sich auf das Fondsvolumen der Beteiligungsgesellschaft und sind, da für rund 20 Prozent dieses Volumens keine Angaben über die Kapitalherkunft vorliegt, adjustiert.

Abb. A.4:   Volumen des 1992 neu investierten Beteiligungsvolumens und Anteil von Seed- bzw. Start-up-Engagements

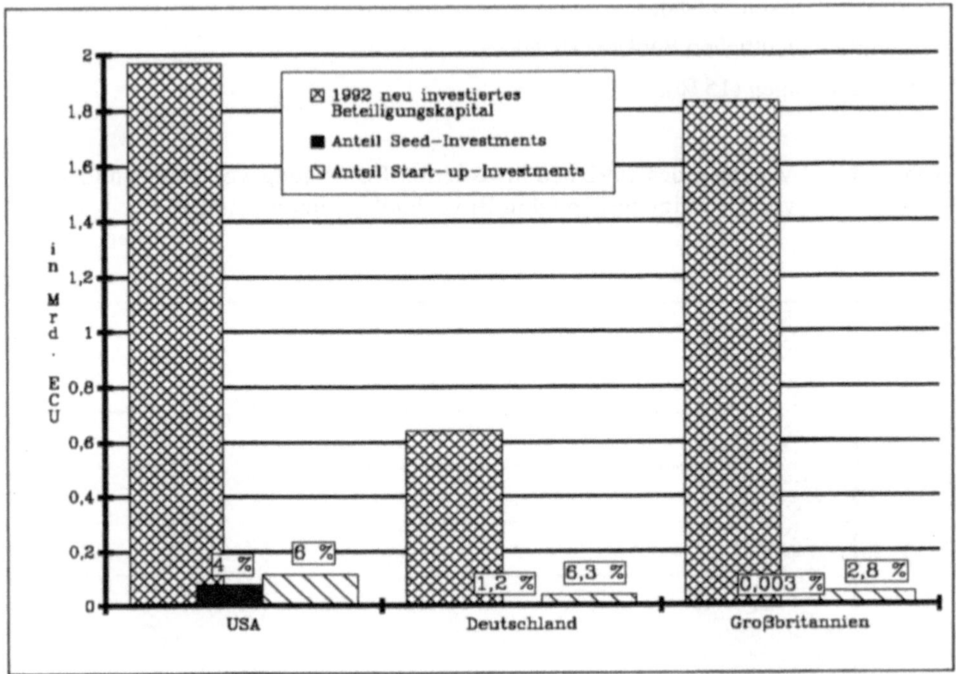

- Industrieunternehmen (7 %),

- privaten Anleger (7 %),

- Staat (5 %),

- Sparkassen (4 %) sowie

- sonstigen (2 %).

Gut drei Viertel dieser Kapitalgeber sind deutsche Investoren. Die Kapitalbereitstellung an Beteiligungsgesellschaften erfolgt überwiegend zum Zwecke der Renditeerzielung. Technologiepolitische Ziele spielen mit Ausnahme einiger öffentlich getragener Beteiligungsgesellschaften keine Rolle. Letztere verfügen jedoch in Relation zum Gesamtmarkt nur über ein geringes Beteiligungsvolumen und unterliegen in ihrer Beteiligungstätigkeit einer regionalen Beschränkung. Anders als in den USA[25]

---

[25] Ein Viertel des amerikanischen Venture-Capital-Marktes machen sogenannte Corporate Venture Capital Firms aus. Sie werden von Banken, Versicherungen und Industrieunternehmen getragen und sind häufig nach speziellen (monetäre und nicht-monetäre) Interessen ihrer Kapitalgeber tätig.

gibt es bei uns praktisch keine Fonds, die von einem oder einigen wenigen Industrieunternehmen initiiert wurden, additiv oder schwerpunktmäßig neben monetären Zielen auch nicht-monetäre Ziele verfolgen, z. B.:

- Einblick in neue Produkte, Technologien und Märkte (Schaffung eines sogenannten "window on technology"),

- Identifizierung und Heranziehung potentieller Akquisitionsunternehmen für das eigene Wachstum und Diversifikation,

- Gewinnung neuer Zulieferer, Abnehmer oder Kooperationspartner.

Daher gibt es kein entsprechendes Angebot für junge und kleine Biotechnologieunternehmen, die den üblichen Anforderungen von Beteiligungsgesellschaften hinsichtlich der Renditeerzielung nicht entsprechen.

TECHNIK, WIRTSCHAFT und POLITIK

Schriftenreihe des Fraunhofer-Instituts
für Systemtechnik und Innovationsforschung (ISI)

Band 2: B. Schwitalla
**Messung und Erklärung
industrieller Innovationsaktivitäten**
1993. ISBN 3-7908-0694-3

Band 3: H. Grupp (Hrsg.)
**Technologie am Beginn
des 21. Jahrhunderts, 2. Aufl.**
1995. ISBN 3-7908-0862-8

Band 4: M. Kulicke u. a.
**Chancen und Risiken
junger Technologieunternehmen**
1993. ISBN 3-7908-0732-X

Band 5: H. Wolff, G. Becher, H. Delpho
S. Kuhlmann, U. Kuntze, J. Stock
**FuE-Kooperation von kleinen und
mittleren Unternehmen**
1994. ISBN 3-7908-0746-X

Band 6: R. Walz
**Die Elektrizitätswirtschaft
in den USA und der BRD**
1994. ISBN 3-7908-0769-9

Band 7: P. Zoche (Hrsg.)
**Herausforderungen für die
Informationstechnik**
1994. ISBN 3-7908-0790-7

Band 8: B. Gehrke, H. Grupp
**Innovationspotential
und Hochtechnologie, 2. Aufl.**
1994. ISBN 3-7908-0804-0

Band 9: U. Rachor
**Multimedia-Kommunikation
im Bürobereich**
1994. ISBN 3-7908-0816-4

Band 10: O. Hohmeyer, B. Hüsing
S. Maßfeller, T. Reiß
**Internationale Regulierung
der Gentechnik**
1994. ISBN 3-7908-0817-2

Band 11: G. Reger, S. Kuhlmann
**Europäische Technologiepolitik
in Deutschland**
1995. ISBN 3-7908-0825-3

Band 12: S. Kuhlmann, D. Holland
**Evaluation von Technologiepolitik
in Deutschland**
1995. ISBN 3-7908-0827-X

Band 13: M. Klimmer
**Effizienz der
computergestützten Fertigung**
1995. ISBN 3-7908-0836-9

Band 14: F. Pleschak
**Technologiezentren in den
neuen Bundesländern**
1995. ISBN 3-7908-0844-X

Band 15: S. Kuhlmann, D. Holland
**Erfolgsfaktoren
der wirtschaftsnahen Forschung**
1995. ISBN 3-7908-0845-8

Band 16: D. Holland,
S. Kuhlmann (Hrsg.)
**Systemwandel und industrielle
Innovation**
1995. ISBN 3-7908-0851-2

Band 17: G. Lay (Hrsg.)
**Strukturwandel in der
ostdeutschen Investitionsgüterindustrie**
1995. ISBN 3-7908-0869-5

Band 18: C. Dreher, J. Fleig
M. Harnischfeger, M. Klimmer
**Neue Produktionskonzepte
in der deutschen Industrie**
1995. ISBN 3-7908-0886-5

Band 19: S. Chung
**Technologiepolitik für neue
Produktionstechnologien in
Korea und Deutschland**
1996. ISBN 3-7908-0893-8

Band 20: G. Angerer u. a.
**Einflüsse der Forschungs-
förderung auf Gesetzgebung
und Normenbildung im Umweltschutz**
1996. ISBN 3-7908-0904-7

Band 21: G. Münt
**Dynamik von Innovation
und Außenhandel**
1996. ISBN 3-7908-0905-5

Band 22: M. Kulicke, U. Wupperfeld
**Beteiligungskapital für junge
Technologieunternehmen**
1996. ISBN 3-7908-0929-2

Band 23: K. Koschatzky
**Technologieunternehmen
im Innovationsprozeß**
1997. ISBN 3-7908-0977-2